ADR 探索家

HOW TO MEASURE ANYTHING

包罗万象的测量百科宝典　　直观感知世间万物的尺度

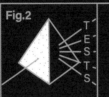

如何测量万物

从一粒原子、一撮盐到宇宙的年龄

[英]克里斯托弗·约瑟夫 编著
阳曦 译

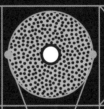
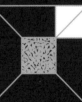

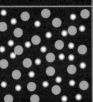

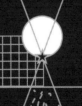

CHRISTOPHER JOSEPH
THE SCIENCE OF MEASUREMENT

gM

天津出版传媒集团
天津科学技术出版社

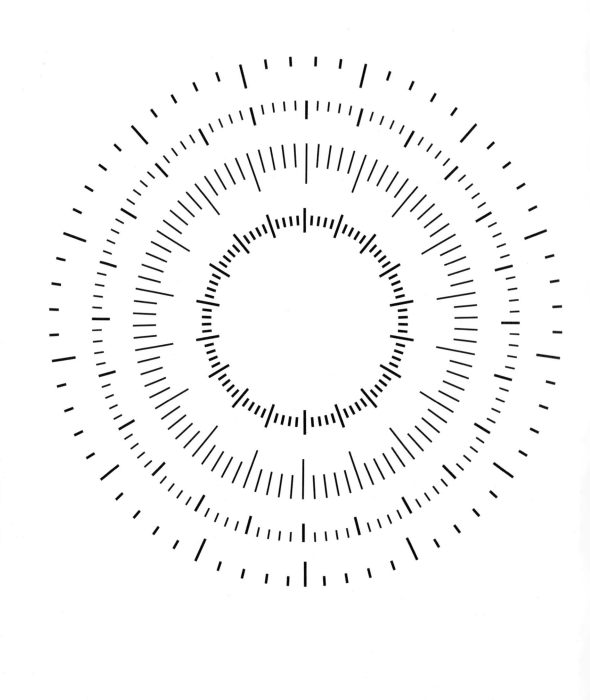

引言

以这样或那样的形式进行测量，是人类最古老、最不可或缺的活动之一。甚至早在文明的曙光出现之前，比较式的测量——"他们的部落比我们的大"——对个人或群体的生存就至关重要。一个狩猎－采集社群的成员需要"多""少""足够"这样的概念（有足够时间在天黑前到家；食物足够确保没人挨饿）。随着规模越来越大的永久性聚居点的出现，这样的估测有时候就不够用了。越来越精细的语言允许人们做出越来越复杂的比较，对某个人来说足够的东西，对另一个人则未必。

有历史记录的最早的测量单位是埃及的"腕尺"（cubit），它颁布于公元前 3000 年左右，等同于一条前臂和一只手的长度，外加法老手掌的宽度。当然，这并不是固定的长度。我的前臂长度和你的不一样，考虑到咱俩都没见过法老，我们也无法言之凿凿，说他的手掌到底有多宽。比起手宽、步长或者你能想到的其他任何估测方法，这算不上很大的进步。

不过，到了公元前 2500 年，腕尺复杂而且相当不精确的定义已得到了极大简化：1 腕尺等于一把"皇家主腕尺"原器的长度，

埃及吉萨的金字塔几何构建精确得令人震惊，尽管我们尚未完全理解它们的比例有何象征意义。胡夫金字塔是这三座金字塔中最大的一座，它的落成时间早于公元前 2500 年，从那以后，直到 4300 多年后的 19 世纪，它一直是地球上最高的人造建筑。

孟卡拉金字塔　　　　　　卡夫拉金字塔　　　胡夫金字塔

这根黑色大理石棍长约 52 厘米。有了这个简单的模型，人们得以测量距离、面积和体积——若以一定体积的特定物质（如黄金或水）作为比较标准，人们甚至能用腕尺测量重量。

精确的测量给人类生活的方方面面带来了革命性的变化，从手工业到建筑，再到贸易和交通，其中最重要的是，它让科学有了实现的可能。如果没有精确的测量（以及同样精确的记录），真正有用的科学、工程学和技术就无从实现。如果没有精确的测量，你甚至无法把这本书捧在手中；现代印刷机就是巨大的精密机械。

这门科学最早的应用之一是测量天空、改良历法和计时。关于天文记录的历史证据可以追溯到几千年前，不光是在古代美索不达米亚、埃及等有文字记载的文明中，欧洲西北部的史前观星者也竖起了巨石阵这样精度惊人的纪念碑。

直到今天，我们仍能通过各种方式感受到这些古人，尤其是那些伟大的罗马工程师留下的影响。很多传统单位的名称都来自罗马人，他们的语言也渗透在了科学术语中。"盎司"（ounce）和"英寸"（inch）都源自罗马词语"uncia"，意思是"十二分之一"。但对"uncia"的应用并不局限于计算重量和距离。几乎所有东西都能合理地分成 12 份，现实中（总有一些时候）人们也的确是这样做的。对一个罗马人来说，用"uncia"来描述一块蛋糕或一片地产（甚至一门多人合伙的生意）非常合理。

罗马衰落后的几百年里，惯用的单位系统基本没有变化；说到底，几乎没什么新东西需要测量了。尽管如此，欧洲的封建君主对测量感兴趣的原因和其他所有政府一样：如果你不知道一个人拥有

虽然那些来自英格兰西部威尔士的"蓝石"抵达巨石阵的时间是公元前 2500 年左右，但人们相信，该地最早的类似造物修建时间比这还要早约 600 年。

托勒密的《天文学大成》(*Almagest*)是古代最具影响力的书籍之一。在这本天文学专著中，他将古希腊和古巴比伦世界的天文学知识汇编在一起。在西方世界和阿拉伯世界，这套太阳系的地心模型得到了广泛接受，直到它被哥白尼的日心说推翻。

托勒密体系

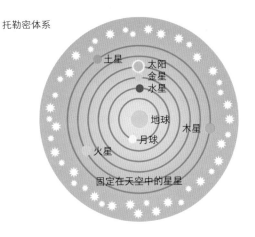

土星
太阳
金星
水星
地球
月球
木星
火星
固定在天空中的星星

什么或者生产什么，那你该怎么向他征税呢？

不过，随着文艺复兴时期艺术和科学领域的发展，人们对测量的兴趣得以重新激发。但传统的单位仍在继续使用。有时候相邻的镇子使用单位的区别，甚至比这些单位本身在相邻世纪中的变化还大。不过，测量单位的准确性和可靠性仍在稳步提升。钟表取代了标有小时刻度的蜡烛。虽然这个镇子里的钟显示的时间可能和 20 英里外另一个镇子里的不一样，但相同的钟每走一个小时消耗的时间至少是一样的。

后来法国大革命爆发，接下来，公制系统的引入掀起了一场伟大的变革。虽然这套系统起初甚至在法国都不大流行，但它和十进制的阿拉伯数字配合得很好，而当时后者已经势不可当地横扫整个欧洲，取代了罗马数字。十进制数字让各种计算都变得更加直接，同时极大地简化了数学思考。但贸易和测量是两回事：10 只羊是 10 只羊，1 磅却还是 12 盎司。不同度量衡之间的换算依然十分复杂：如果 1 品脱的某样东西重 1 磅，那么 1 加仑同种物品的重量肯定不是 1 石。公制系统用一套相对单位系统取代了这一切，数字的量级完全靠前缀来区分。

这套系统最基础的标准单位是米，其他所有单位都是从它推导出来的。"米"被定义为一条经过巴黎的从赤道到北极的子午线（这条曲线沿着理论上的地平线稳定延伸，而不是沿着崎岖不平的地球表面）长度的千万分之一。为了尽可能准确地计算这段距离，人们耗费巨资进行了大规模调查，并铸造了一根铂铱合金棍子——就像法老的主腕尺一样——将它永久记录下来。精心制作的复制品被分发到欧洲各地（最终传遍世界），以确保每个人使用的是同样的"米"。

| 米 | 千克 | 秒 | 安培 | 开尔文 | 摩尔 | 坎德拉 |

虽然其他很多国际单位有自己的名字，但它们都能用这 7 个基本单位来定义。

然而，随着科学设备的不断改进，更准确的测量表明，铂铱米原器和千克之类的单位不仅不符合它们理论上的定义，实际上可能还会随时间的流逝而发生变化。经过一番思索，成立于 19 世纪的国际计量委员会决定保留那些原器——因此也保留了各个单位的当前值——不再进行新的测量以使其符合定义。

到了 20 世纪，科学和测量已然密不可分，精确的测量是科学研究不可或缺的先决条件。与此同时，科学的持续进步也不断为人们带来需要测量的新事物，以及测量旧事物的新手段。

20 世纪 60 年代，每隔几年就召开一次，以解决国际单位及其使用相关问题的国际计量大会（Conférence Générale des Poids et Mesures，CGPM）决定，是时候结束这一局面了。他们颠覆性地重新定义了 6 个基本单位，包括米、千克、开尔文、秒、安培和坎德拉。不久后，有用的化学术语"摩尔"成了第 7 个基本单位。其他所有单位都能用这 7 个单位来定义。接下来的这些年里，人们根据可靠复现的物理测量小心地重新定义这些基本单位，以便让任何拥有时间和设备的有心人都能验证它们。

人们非常小心地确保国际单位所谓的"一致性"。对此最好的诠释是单位之间数量级的对应。比如说，"帕斯卡"对应的是"牛"和"米"，因为 1 帕斯卡的压强等于 1 牛顿的力作用于 1 平方米的面积上。

这套系统的另一个优点是，如果你想描述 1000 个 100 万吨，那也不必创造一个新词。你只需查找符合国际标准的词头列表就行：1 吉吨。即便如此，到了 20 世纪末，随着科学家们对宇宙的理解越来越深，他们想要测量的东西越来越大——也有越来越小的，这套系统也需要扩展。天文学家在尺度的这头，另一头是研究亚原子粒子的物理学家，现有的词头不够他们用了。因此，20 世纪七八十年代，CGPM 对国际单位制词头列表两端的尺度都进行了扩展。[1]

　　即使那些仍在使用品脱、磅和英里等传统度量衡的国家，也早已用相应的公制单位重新定义了它们。虽然在 18 世纪 90 年代诞生的其他很多单位已被淘汰，但公制系统早年的口号"大众适用，永恒一致"（for all the people, for all the time）似乎越来越贴切。

　　当然，人们利用科学和技术不断探索、发明出不同的新东西，其中有的能用国际标准单位来测量；有的则需要新的度量衡，可能出于概念上的需要，也可能仅仅为了方便。我们知道，千百年来，形形色色的人群使用过很多不同的单位，可能还有很多单位我们根本没有记录。有的单位拥有悠久详尽的历史，有的单位我们几乎只知道个名字，并不知道它们代表哪个固定的值，还有其他很多单位的值在不同地方、不同时期差异巨大。古代的很多单位只有历史学家才知道；另一些知名度更高一些，但人们对它们的理解不一定正确。比如，"塔兰特"（talent）这个单位在《圣经》中频频出现，人人都知道它指的是一定数量的钱。但在旧约时期，一枚硬币的面值通常就是它所含贵金属的价值，1 塔兰特实际上是一大堆钱——25 千克，超过当时现实中任何硬币的重量。

　　科学和测量的故事密不可分，它们互相促使对方前进。但测量，无论是有意识的还是直觉的，浸润在每一项人类活动中：选择正确的颜色，绘制透视图案，正确评估待售房屋的价格，或者在一行诗中填入正确数量的音节。

　　本书旨在友好地引导读者走进测量的世界，但这必然只是一趟走马观花的旅程。有记录的所有单位的完整列表（甚或只列出那些我们能提供具体值的单位）不会比任何一本字典薄——哪怕省略掉这些单位测量的特性的定义（以及它们有何区别）和记录它们的设备。要编辑这样一本书，我们必须舍弃很多东西，它们要么罕见得不值得专门定义，要么普遍得不需要专门定义。我们的目标是做出一本既能实用参考（在你有需要的时候），又能消遣阅读（当你不需要实用的时候）的书。我希望这本书成功实现了这个目标，没有意外漏掉任何东西。

如何使用词条

每个词条内用粗体字标出的测量单位，读者可能有兴趣和其他词条（通过索引查找）进行交叉对比，以获得更多细节或解释。

◉符号代表该词条有插图。

---

1. 2022 年 11 月，第 27 届国际计量大会在法国巴黎举行。大会向国际单位制引进了容、柔、昆、亏 4 个新词头。——编者注

地球和生命科学

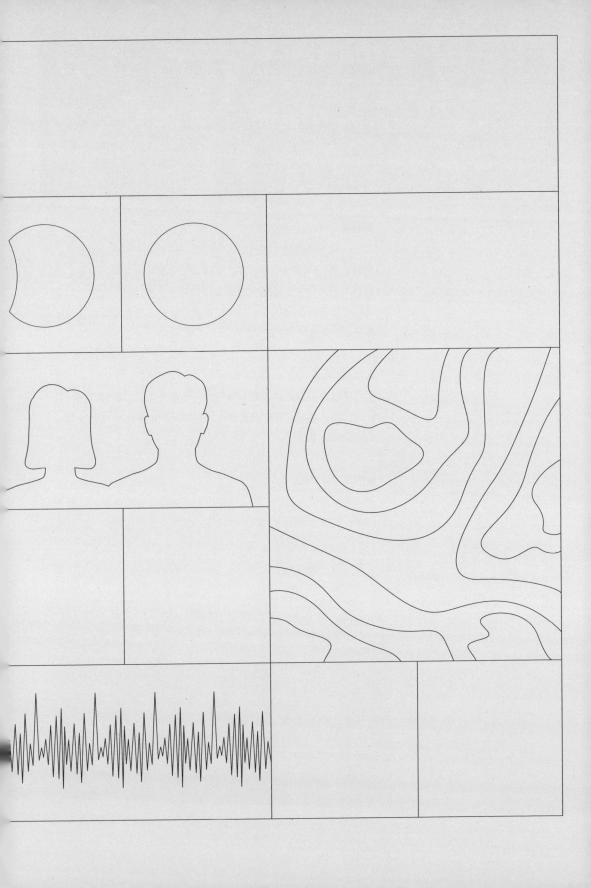

天文学和占星术

离心率（eccentricity）

　　一条弯曲路径（如行星或彗星的绕日轨道）距离完美圆形的偏差程度，以其长短轴长度之差除以二者之和来衡量。高离心率轨道上的天体会在轨道一端离太阳非常近，并在另一端离太阳非常远，而圆形轨道的中心与太阳重合。封闭轨道离心率的值总是介于 0（完美正圆）和 1。

远拱点（apoapsis） 👁

　　绕轨运行的天体距离它围绕的天体最远的点。对绕日运行的天体来说，远拱点又叫远日点。绕地球运行的天体距离地球最远的点叫作远地点。

近拱点（periapsis）

　　远拱点的反义词，即绕轨运行的天体距离它围绕的天体最近的点。对围绕太阳运行的天体来说，近拱点又叫近日点；对地球

随着天体轨道离心率的增长，它的近拱点和远拱点之间的距离也越来越远。

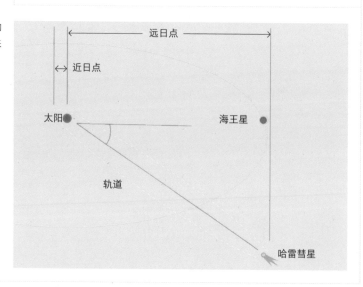

轨道上的卫星来说，近拱点叫作近地点。月球的近地点距离地球约 359 000 千米，比它的远地点近 42 000 千米左右。哈雷彗星的近日点距离太阳大约 0.6 **天文单位**（AU），这颗彗星的远日点距离太阳 35.3 天文单位。

倾角（inclination）

两个天体轨道平面之间的夹角——通常是指某个天体与地球轨道平面之间的夹角。天体的轨道平面是指包含它整个轨道的平面。

角距离（angular distance）

两个天体在以地球为中心的**天球**上的投影点之间的角度。

岁差（precession）

旋转物体（如行星或陀螺）的转轴方向在扭矩作用下逐渐产生的变化。对行星来说，岁差是由引力潮汐（对地球来说，就是太阳和月球产生的引力潮汐）作用于赤道上的拉力造成的（因为大部分行星不是完美的球形）。岁差会让赤道**天球坐标系**中测量到的行星的位置慢慢发生变化。它还会让春秋分点每年沿着黄道向西移动约 5/6 秒，术语叫作"分点岁差"。

天球（celestial sphere）

一个想象出来的以地球为中心的无限大的球。每个天体（行星、恒星、卫星等）都能用天球上的一个点来表示，即该天体和地心之间的连线与这个球的交点。

黄道（ecliptic）

一条想象出来的天球上的线，标记出太阳相对于背景恒星在一年中的运行轨迹。由于地轴是倾斜的，所以黄道与天赤道（地球赤道在天球上的投影）之间有 23.43° 的夹角。由于黄道是地球轨道平面在天空中的投影，所以它一般也被视为整个太阳系的轨道平面（因为其他所有行星差不多也在这个平面上运行）。

天球坐标（celestial coordinates）　👁

用来描绘天体在天球上的位置的坐标系统。专业的天文学家用的主要是"赤道"坐标系，它用赤纬和赤经来定义一个天体的天文学家用不同的天球坐标来实现不同的目的。

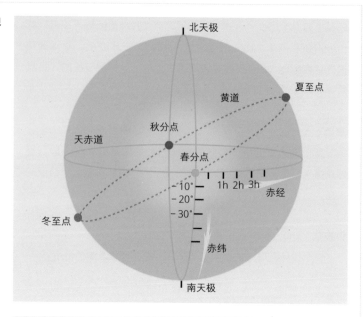

确切位置。其他人，尤其是业余天文学家和报纸专栏作家更喜欢使用"地平坐标系"，它用**方位角**（azimuth）和**仰角**（elevation）来定义该天体相对于观察者的位置。从直觉上说，后者用起来简单得多，但它产生的数字完全取决于观察者的位置。比如，你在华盛顿特区观察到某个天体位于天顶（90°仰角），但它在洛杉矶的角度会低得多。还有其他很多天球坐标系，通常为特殊用途而设计（比如，你可以利用相对于银河系平面的方位角和仰角来测量银河系本身）。

赤纬（declination）

天体与地球赤道在天球上的投影之间的**角距离**。赤纬为正数意味着该天体位于赤道以北，赤纬为负数的天体位于赤道以南。

赤经（right ascension）

天体在天球上的投影点相对于穿过春分点的地平经圈向东偏移的**角距离**。赤经通常以时（等于15°的弧度）、分（时的1/60）、秒（分的1/60）来度量。赤纬和赤经共同构成了赤道**天球坐标**。

方位角（azimuth） ◉

从天顶到天底经过被观测天体的连线与天球之间有一个交

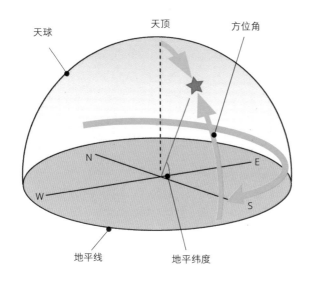

方位和高度对于查找相对于观察者的位置很有用。

天球

天顶

方位角

N

E

W

S

地平线

地平纬度

点，从观察者所在点的地平线最北点出发，沿顺时针方向，到达这个交点所经过的**角距离**。

距角（elongation）

　　从地球上看到的某天体与太阳之间的角距离（以直线的形式）。与之相反的物理量（从另一个天体上看到的地球和太阳之间的角距离）叫作该天体的相位角。

轨道周期（orbital period）

　　一个天体绕它可能围绕的任何东西运行一整圈需要的时间——这取决于轨道速度、离心率和它的**远拱点**及**近拱点**。

轨道速度 / 轨道速率（orbital velocity/ orbital speed）

　　天体沿轨道运行的**速率**（不一定是严格的**速度**）。

视差（parallax）　👁

　　观察者在不同位置上看到同一个天体位置产生的明显变化。在天文学中，视差通常是由地球的运动引起的，它又被细分成周日视差（源自地球每天的自转）、周年视差（源自地球绕太阳的公转）和长期视差（源自太阳系在空间中的运动）。轨道越近，视差的影响就越大。我们在日常生活中也能观察到这种现象：从视差会让距离不同的物体看起来像在相对于彼此运动，哪怕它们实际上没动。

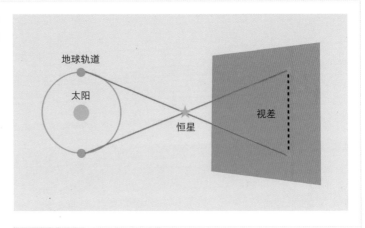

行驶的汽车上往外看，路边近处的物体似乎比远处的物体动得快。

自行运动（proper motion）

一颗恒星（或其他天体）在天球上的角运动。自行运动是该天体实际运动中垂直于观察者视线的那部分。

径向速度（radial velocity）

天体在其运动过程中沿着观察者视线方向上的速度分量，通常根据该恒星发出的光的**频移**（红移或蓝移）来计算。

哈勃常数（Hubble constant）

遥远天体因空间膨胀而互相远离的速率，是它们当前距离的函数。哈勃常数只有在应用于同一时刻的所有天体时才是一个常数；在 20 世纪的大部分时间里，人们假设空间的膨胀完全由 138 亿年前创造宇宙的大爆炸引起，当时整个宇宙处于一个灼热致密的状态，因此随着时间的流逝，空间的膨胀会自然减缓。但近期的证据表明，出于一种迄今尚未得到解释的名为暗能量的现象，空间的膨胀实际上在加速。目前对这个常数最准确的测量值大约是 70 千米每秒每百万秒差距。

逃逸速度（escape velocity）

从一个天体的表面运动到它的引力场以外所需的最小速度。地球的逃逸速度只有 25 000 英里／时（11 200 米／秒）出头。想让航天器进入一条稳定的轨道并体验到"失重"的状态，其实不需要真正到达逃速度。

拉格朗日点（Lagrangian point）

在有两个大天体的引力系统中，这两个天体的引力场相互抵消的点。拉格朗日点有 5 个，其中两个是稳定的（附近的物体会倾向于向这两个点漂移），另外 3 个不稳定（所以没有完美处于这个点上的物体会倾向于漂走）。

地球静止轨道（geostationary orbit）

在行星赤道上空一定高度的一条轨道，其轨道周期完全等于该行星的自转周期，这意味着位于这条轨道上的卫星会相对于下方的行星地面保持静止。对地球来说，地球静止轨道的高度约为 22 500 英里（36 000 千米）。

洛希极限（Roche limit） 👁

从母行星中心出发，卫星能够安全围绕它运行的最小距离。一旦距离小于洛希极限，这颗卫星要么会沿螺旋轨迹迅速坠落，要么会被撕碎形成星环（就像土星环那样），具体取决于该卫星的质量。如果一颗行星和它的卫星密度相似，那么洛希极限大约是该行星半径的 2.5 倍。

史瓦西半径（Schwarzschild radius）

保证特定质量的天体表面**逃逸速度**小于光速所需的该天体的最小半径。任何小于自身质量下史瓦西半径的天体都会变成一个黑洞。一旦这样的天体发生坍缩，史瓦西半径就变成了它的**事件视界**。

事件视界（event horizon）

任何信息都无法传达给外部观察者的一条界线，通常出现在黑洞周围，该界线内的逃逸速度超过光速和其他电磁辐射速度。

活动星图（planisphere）

一幅圆形星表，标明了在特定**纬度**上能看见的所有天体，并配有标明日期和时间的叠加层。使用者可根据当前日期和时间，以及精确的纬度和**经度**，调整叠加层在星表上的位置，从而算出任何可见天体的水平**天球坐标**（比如**方位角**和**仰角**）。

洛希极限因密度而异，卫星相对于行星的密度越大，它能绕轨运行而不被摧毁的距离就越近。

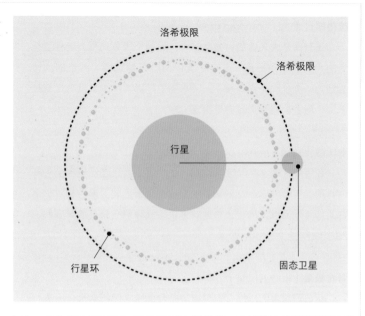

复丝千分尺（bifilar micrometer）

　　一种简单的测量设备，可利用一对极细的平行线测量通过同一台望远镜看到的两个天体之间的角度差。有时候又被称为"游丝测微计"（filar micrometer）。

太阳仪（heliometer）👁

　　一种利用可移动镜头来产生复像，由此测量两个天体之间**角距离**的设备。使用者可以调整镜头，让一颗行星的第一个像与另一颗行星的第二个像重叠，然后根据调整的幅度，算出二者之间的角距离。太阳仪最初的设计用途是测量太阳的直径，它也因此而得名。

扬斯基（jansky, Jy）

　　从一个电磁辐射源接收到的能量的单位，主要用来表示射电望远镜接收到的信号强度。1 扬斯基等于 10^{-26} 瓦特每平方米赫兹频宽。因此，如果用扬斯基来衡量，一个频宽为 1 兆赫（MHz）的信号需要 1000 倍的绝对能量才能和一个频宽为 1 千赫（kHz）的信号达到同样的强度。

频移（shift, 红移、蓝移）

　　从地球上看到的遥远恒星发出的光（和其他辐射）波长可视

的变化。频移的两个主要原因是相对运动（**多普勒效应**）和干涉空间的膨胀（但后面这个原因只有在极远的距离上才比较明显）。天体远离我们时会产生红移，靠近时则会产生蓝移。极强的引力场也会让经过它的光的波长出现频移。

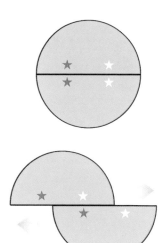

光谱型（spectral class）

基于恒星释放出的不同波长的光强度来衡量其温度及化学成分的一种度量系统。与太阳耀斑类似，光谱型由一个字母和一个介于 1 到 9 的数字组成，有时候这个数字后面还包含进一步的信息（比如**光度级**）。大部分恒星的光谱型是（按照从最热到最冷的顺序）O、B、A、F、G、K 或 M，但有些不常见的恒星则用其他字母来标记。数字代表每个光谱型内部从最热到最冷的线性等级，所以 A4 的恒星比 A6 的温度更高。太阳的光谱型是 G2。

光度级（luminosity class）

衡量恒星亮度的度量指标，通常附加在恒星的光谱型后面。光度级用罗马数字来表示，理论上有 I 至 VII 这 7 个等级，不过现在 VI 级和 VII 级很少用到。I 表示超巨星（最大、最亮的恒星），V 则是那些数量多得多的主序矮恒星，比如太阳。

星等（magnitude）

衡量恒星亮度的度量指标。一颗恒星（或者其他天体）的视星等指的是从地球上看到的它的亮度，以一套几何标度来定义，较小的数字代表较亮的星星。地球上裸眼可见的最暗淡的天体星等为 6，星等每降低一等，天体的亮度就提高 2.51 倍。一颗恒星的绝对星等被定义为在距离地球恰好 10 秒差距（32.6 光年）处观察到的视星等。

太阳黑子数（sunspot number；沃尔夫太阳黑子数，Wolf sunspot number，R）

根据太阳黑子的存在来衡量太阳表面活动的度量指标。其数值等于可见的太阳黑子总数加太阳黑子群数的 10 倍，再乘以一个因数（通常介于 0 到 1），该因数取决于做出这次观测的望远镜的位置和类型。

太阳耀斑强度标度（solar flare intensity scale）

衡量太阳耀斑 X 射线能量的一种度量指标，因此也能衡量该耀斑对无线电和卫星通信的干扰强度。（最强的太阳耀斑可能影响地面上的电子设备，包括输电网络。）太阳活动的分级由一个字母（A、B、C、D、M 和 X）和一个数字（通常是 1 到 9）来标记。A、B、C 代表太阳正常的表面活动，D 级耀斑通常不会影响地球。等级每上升一个字母，耀斑的强度就提升 10 倍；数字则代表每个等级内部的线性等级。因此，X3 的耀斑强度是 M5 耀斑的 6 倍，后者的强度又是 M1 耀斑的 5 倍。目前有记录的最强的太阳耀斑出现在 2003 年 11 月 4 日，其强度等级为 X28。

杜林危险指数（Torino impact scale） ◉

衡量一颗正在靠近地球的彗星、小行星或其他天体对人类生存构成多大威胁的指标。威胁事件被分为 0 ~ 10 级，所有等级又分成 5 类。"不太可能产生后果的事件"（0 级）和"应密切监控的事件"（1 级）被归为低风险类。"应关注的事件"（2 ~ 4 级）指的是那些撞击可能性很低，以及即便发生撞击，产生的破坏范围也很可能相对较小的事件。"威胁事件"（5 ~ 7 级）很可能导致大范围（甚至全球性）的破坏，而 8 ~ 10 级的"确定撞击"囊括了毁灭仅限于局部的相对小型的撞击和能够彻底摧毁地球生命的全球灾难。

杜林指数基于撞击概率和撞击可能产生的破坏，对一颗天体构成的威胁进行了分级。

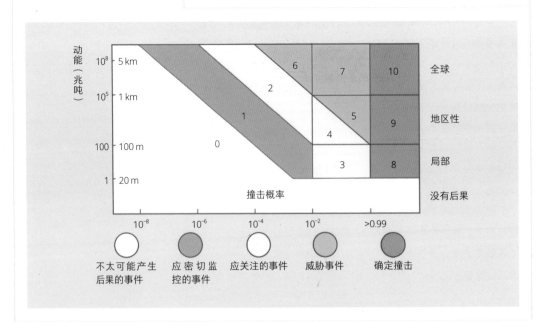

辐射点（radiant）

从地球上观察，流星雨或类似现象看起来仿佛来自**天球**上的一个点，这个点就被称为辐射点。（这实际上是平行线产生的透视效果，就像一条伸向远方的笔直公路看起来变得越来越窄。）

历元（epoch）

天文学术语中的"历元"指的是记录数据（例如一颗恒星或行星在天空中的位置）的精确瞬时。如果初始时间和位置已知，运动也已知，就能算出该天体在其他任何时刻的位置。如果计算数据和测量数据出现了差异，这个结果就可能用来修正原来的假设，或者帮助我们找到一些此前未知的天体，它们的引力影响了已知天体的运动。

天文单位（astronomical unit，AU） 👁

以天文标准来说很小的一个距离单位，等于149.6吉米（9300万英里，或约1.5亿千米）。1个天文单位约等于地球到太阳的平均距离，它实际上被定义为一条轨道周期等于地球的完美圆形轨道的半径。

光年（light year，ly）

光在真空中行进一年时间所经过的距离，相当于5.879万亿英里，或9.461万亿千米，或63 241.1天文单位。在此基础上做延伸，光分、光秒等单位指的是光在相应时间里经过的距离。

秒差距（parsec，pc）

标准的天文距离单位，其定义为一个1秒弧长等于1**天文单位**的圆的半径。这意味着如果一颗恒星和地球的距离正好是1秒差距，那么从地球上测量，它的视差角度就是1秒（1度的1/3600）。1秒差距等于3.26光年，或者19.26万亿英里多一点。作为离太阳系最近的恒星，比邻星（Proxima Centuri）距离我们1.29秒差距（4.22光年）。

哈勃长度（Hubble length，LH）

从地球上能看见一颗天体的最大距离。如果以光年为单位，哈勃长度的数值等同于以年为单位的宇宙年龄，因为更遥远的天

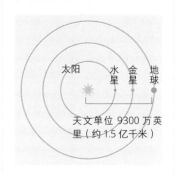

地球轨道的平均半径是1天文单位，金星轨道的平均半径约为0.7天文单位，水星轨道约为0.38天文单位。

体发出的光无法在这段时间内抵达地球。由于宇宙的膨胀，距离地球 1 哈勃长度的天体正在以光速远离我们。

太阳质量（solar mass）

一个质量（而非重量）单位，用于表示天文学家研究的恒星的质量。太阳的质量约等于 1.989×10^{30} 千克（2.2×10^{27} 短吨[1]），占太阳系总体质量的 99.86%。

木星质量（Jupiter mass）

即行星木星的质量，天文学家在讨论绕其他恒星运行的行星时会使用这个质量单位。约等于 1.9×10^{24} 公吨，或者说略小于太阳质量的千分之一。

地球质量（Earth mass）

我们母星的质量，略小于 6×10^{21} 公吨（6.6×10^{21} 联邦吨或惯吨[2]——1 个木星的质量约等于 315 个地球的质量）。天文学家在其他恒星系中寻找类地行星时会使用这个单位来比较。

月相（moon, phases of） ◉

随着月球相位角的变化，其可见部分形状的变化。随着相位角的增长，月球表面可见部分会变大，相位角接近 0 时是满月，等于 0 则会出现月食。通过望远镜看到的其他行星也会出现完全相同的相变。

会合周期（synodic period）

从地球上观察，一个天体在天空中回到同一位置（相对于太阳）所需的时间。比如，月球的会合周期等于两个连续满月之间间隔的确切时间。

太阳周期（solar cycle）

连续两次太阳活动最活跃时期（太阳黑子和**太阳耀斑**最常见的时期）之间的时间间隔。太阳周期的平均值约为 11 年，但已

---

1. short ton，短吨，一种主要在美国使用的质量单位，又称"美吨"，1 短吨等于 2000 磅，即 907.184 74 千克。——译者注（如无特殊说明，本书脚注均为译者注）
2. 联邦吨（federal ton）、惯吨（Customary ton），均等于短吨。

从新月到满月，月亮会慢慢"变大"，然后随着可见区域的压缩，它又会"变小"。"凸月"指的是超过半满的月亮——无论它正在变大还是变小。

知最短的周期只有 9 年，最长可达 14 年。

沙罗周期（saros）

一个用于预测日月食的时间单位，等于整整 223 个月球周期，或者——用**公历**来表示的话——18 年零 11 天（或 10 天，取决于闰年的数量）零 7.4 个小时。经过这么长的时间后，地球、太阳和月球会回到同样的相对位置。但多出来的几个小时意味着每次日月食在地球上可观测的地点都不一样，每经过 3 个沙罗周期才会大致回归初始位置。

柏拉图年（platonic year；大年，great year）

地球完成一次完整的岁差自转（春秋分点的岁差在黄道上回到初始位置）所需的时间，约等于 25 800 地球年。

银河年（galactic year；宇宙年，cosmic year）

太阳在银河系中完成一次公转所需的时间。根据估算，1 银河年约等于 2.25 亿地球年。

太阳系年龄（age of solar system）

大块固体物质在孕育太阳系的星云——由气体和尘埃组成的一片广袤的云，它为太阳系的诞生提供了原材料——中开始成形以来的时间。根据陨石中的放射性同位素和地球上最古老的岩石中保存的矿物质来推测，太阳系大约形成于 45.7 亿年前。

宇宙年龄（age of the universe）

从"大爆炸"到现在经过的时间。目前的最佳猜测——基于宇宙当前尺寸、膨胀率等数据估计——是 138 亿年。

黄道十二宫（zodiac）

由 12 个星座组成，大致都落在黄道上，占星家利用它们来表示各行星（以及月亮和太阳）的相对位置。现代占星术倾向于将黄道分为 12 等份，而古代的占星家用的是这 12 个星座间实际的界线（它们的宽度并不完全相等）。西方的黄道十二宫分别是白羊座、金牛座、双子座、巨蟹座、狮子座、室女座、天秤座、天蝎座、射手座、摩羯座、宝瓶座和双鱼座，但其他占星体系有完全不同的十二宫标记，而且他们赋予每个宫的意义往往全然相反。由于**岁差**的存在，从黄道十二宫最初被定义以来，这些星座相对于黄道的位置一直在变化，太阳每年都有一小部分时间会经过第 13 个星座——蛇夫座。

时代（age，of Pisces，Aquarius，双鱼座时代，宝瓶座时代，诸如此类）

占星术中的一个时间段。按照定义，1 个时代要么等于 2100 年（春秋分点的**岁差**绕黄道运动 30° 所需的时间），要么等于春分点实际落在特定星座宫内的时间。

上升星座（ascendant）

在一个人出生时，东方地平线上正在升起的那个星座。

天顶星座（midheaven）

在一个人出生时，最接近天顶的那个星座。由于 12 个星座落在黄道上的宽度并不相等，同一时间点的天顶星座通常是上升星座前面的第三个星座，但也不一定。

宫位（house）

　　个人星盘上的 12 个区域划分。根据占星师的不同，每个宫位的宽度可能是均等的，也可能是不同的，并且可能分配给某个星座，或与出生的精确时刻相关联。

冲（opposition）

　　这个术语用于描述两个天体的黄经差值正好是 180° 时的位置。

合（conjunction）

　　*冲*的反义词。当两颗行星（或者一颗行星和太阳）在天空中看起来很近，占星家就说它们"相合"。

距离

一些常见的"米"的前缀。这些前缀放在"米"这个单位前面，用于表明将米乘以一个特定的系数。

词头	符号	系数
千	k	10^3
百	h	10^2
十	da	10
一	—	1
分	d	10^{-1}
厘	c	10^{-2}
毫	m	10^{-3}
微	μ	10^{-6}
纳	n	10^{-9}

公制英里（metric mile）

一种主要用于体育领域的长度单位。1 公制英里并不等于 1 英里，或者说 1 法定英里，它主要用于描述一段跑步的距离，公认的 1 公制英里等于 1500 米，或者说约等于 0.932 057 英里。偶尔用于描述 1600 米的距离（更接近 1 英里），这种用法常见于美国高中跑步比赛。

千米（kilometer，km）👁

一种长度单位，1 千米等于 1000 米，或者 0.621 371 英里。千米是常用的最大的"米"的复数单位。

米（meter，m）

公制系统的基本长度单位。1 米等于 100 厘米，或约等于 39.37 英寸。英语中的"米"（meter）这个词来自希腊语"μετρον"（metron）。根据国际计量大会的规定，目前米的精确定义是光在真空中行进 1/299 792 458 秒所经过的距离。如果未来科学家对光速有更精确的估算，这个值可能会随之发生变化。

厘米（centimeter，cm）

长度单位，1 厘米等于 1/100 米，或约等于 0.39 英寸。

毫米（millimeter，mm）

长度单位，1 毫米等于 1/1000 米，或约等于 0.039 英寸。

微米（micrometer，micron，μm）

长度单位，1 微米等于百万分之一米，或约等于 0.000 04 英寸。英语中的"micrometer"还有一个意思是"千分尺"，指的是一种用于测量极小距离或厚度的设备。

纳米（nanometer，nm）

　　长度单位，1 纳米等于十亿分之一米，或约等于 0.000 000 04 英寸。纳米主要用于衡量波长，如可见光、伽马射线和紫外线的波长。

埃米（angstrom，Å）

　　长度单位，1 埃米等于 $\frac{1}{10^{10}}$ 米，或 0.1 纳米。首次使用这个单位的是瑞典物理学家安德斯·约纳斯·埃格斯特朗（Anders Jonas Ångström，1814—1874），他用它来描述太阳光谱。尽管人们偶尔仍用它来描述原子的半径，其值介于 0.25 ~ 3 Å，但现在这样的长度主要用纳米来定义。

飞米（femtometer，fm）　👁

　　长度单位，1 飞米等于 $\frac{1}{10^{15}}$ 米，有时候物理学家也称之为"费米"（fermi）。人们用这个单位来衡量原子核和亚原子粒子——质子和中子的尺寸，它们的直径约为 2.5 飞米。

普朗克长度（Planck length，lp）

　　量子力学中的一种自然长度单位。最初由德国理论物理学家马克斯·普朗克（Max Planck，1858—1947）定义，它是现代理论物理学定义的最小长度单位，1 普朗克长度等于 16.16×10^{-36} 米。

英寸（inch，in）

　　一种英制长度单位，1 英寸等于 2.54 厘米，或 1/36 码。英寸是一种非常古老的度量单位。人们认为，它最早的定义是大拇指指尖到指节的距离。事实上，在某些语言中，"英寸"和"拇指"这两个词十分相似。美国使用的"测量英寸"（survey inch）比标准的英制英寸长一点点，二者之间的细微区别只有在描述几千英里以上的距离时才有意义。

英尺（foot，ft）

　　一种英制长度单位，1 英尺等于 12 英寸，或 30.48 厘米。人们普遍认为，英尺最早的定义是人类一只脚的长度。但人类的脚长通常小于 12 英寸。在美国，最好用"国际英尺"来指代这个单位，以区别于美国的"测量英尺"（见"英寸"词条）。

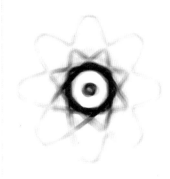

原子核的直径通常用飞米来度量。

码（yard，yd）

一种英制长度单位，1 码等于 3 英尺或 0.9144 米。历史上"码"这个单位有过多种定义。传说英国国王亨利一世曾将 1 码定义为他伸直手臂时，大拇指指尖到鼻尖的距离。

杆（rod）

一种英制长度单位，传统上用于测量土地。1 杆等于 16.5 英尺或 5.03 米，目前只有北美仍在实际使用这个单位，它有时候也被称为"竿"（perch，区别于另一个单位"泼切"）或"棍"。

泼切（perche）

一种长度和面积单位，或兼指二者，在不同国家有不同的定义。泼切完全不同于美国的"竿"（见"杆"词条），它在特定国家的定义如下：加拿大，231.822 英寸；塞舌尔，约等于 6.497 米；瑞士，3 米；比利时，6.5 米。在前公制时代的法国，泼切是一个重要的度量土地的单位，它在不同地区有许多不同的定义。

链（chain）

测量员使用的一种非公制的长度单位。它更合适的名称是"冈特测链"（Gunter's chain），最常用于美国的公共土地测量，1 链等于 22 码，或 20.1168 米，1 链又可分为 100 令（link）。在苏格兰和爱尔兰，冈特测链的长度要短得多：苏格兰的是 8.928 英寸，爱尔兰的则是 10.08 英寸。链还有另外两种：拉姆登测链（Ramden's chain）和拉斯伯恩测链（Rathborn's chain），但这二者要罕见得多。在塞浦路斯，1 链的长度是 8 英寸。

浪（furlong）

一种美国惯用的英制长度单位，1 浪等于 660 英尺，或 201.168 米（1/8 英里）。"furlong"来自古英语"furh"（犁沟）和"lang"（长），历史上它指的是一片 10 英亩的普通耕地里一条犁沟的长度。现在，浪这个单位基本只用于英式赛马。

英里（mile）

一种英制长度单位，又叫国际英里或法定英里。1 英里等于 1760 码，或约等于 1609 米。而 1 海里（nautical mile；又叫"英制海里"，Admiralty mile）等于 1853 米，这个单位用于海上或空中的导航。1593 年，英国女王伊丽莎白一世将 1 法定英里的长度定义为 8 浪，但 "mile" 这个词本身来自拉丁语中的 "mille passus" 或**罗马英里**。

里格（league）

一种古老的陆地距离单位。最初定义为一个人或一匹马在 1 小时内能走的距离。到了 16 世纪左右，它公认的长度变为约 3 英里，但仍有区域性差异。

锚链（cable）

一种海上距离单位，其具体数值有不同的定义。它最为公认的长度是 1/10 海里或 185.3 米。但在历史上，1 锚链等于 100 㖷或 182.88 米。美国海军使用的 1 锚链等于 120 㖷，或 219.456 米；而英国海军定义的 1 锚链等于 608 英尺或 185.3184 米。

㖷（fathom）

一种历史悠久的海上距离单位。1㖷等于 6 英尺或 1.8288 米，但它最早的定义是一个男人伸展开的双臂长度。

拃（span）

一种长度单位，等于 9 英寸或 22 厘米。历史上它被定义为人在张开手掌时大拇指指尖到小指指尖的距离。

掌（hand，hh）

一种长度单位，1 掌等于 4 英寸或 10.16 厘米。最初定义为一只手掌的宽度，如今这个单位仅用于测量马的高度。"hh" 这个缩写代表 "几掌高"。

腕尺（cubit）

多种文明都曾使用过的一种古老的长度单位。"cubit" 这个词来自拉丁语中的 "cubitum"，意思是 "肘"，1 腕尺约等于一个男人小臂的长度。罗马腕尺的长度约为 44.35 厘米，但古巴比伦和古埃及也会使用腕尺这个度量单位。巴比伦（或苏美尔）腕尺长 51.72 厘米，这是已知最早的标准长度单位。人们认为，埃及腕尺的长度约为 52.4 厘米。英联邦也曾使用过这个

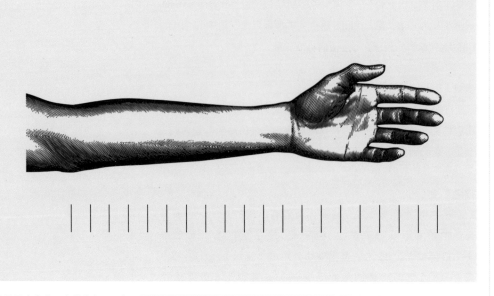

腕尺是最古老的距离单位之一，但纵观历史，这个词在世界各地曾被用于指代各种不同的长度。

长度单位，1 腕尺等于 18 英寸，但如今已弃用。

斯塔德（stadium）

一种古罗马或古希腊的长度单位。英语中的"stadium"这个词来自拉丁语，后者又源于希腊语中的"σταδιον"（stadion），这个度量单位约等于 606 英尺（185 米）。希腊人和罗马人举行体育比赛的椭圆形运动场差不多就是这么长，所以这个单位逐渐成为指代运动场本身的词语。

罗马英里（Roman mile）

古罗马的一种长度单位，现代法定英里的鼻祖。拉丁语中的罗马英里写作"mille passus"，意思是"一千步"。公认的 1 罗马英里约等于 1485 米。

马拉松（marathon）

一种长距离跑步比赛。马拉松是为了纪念一个传说：公元前 490 年，希腊人在战斗中击败波斯人后，为了传递胜利的消息，一位名叫费迪皮迪斯的信使从马拉松跑到了雅典——这段距离大约是 22 英里。（事实上，古希腊历史学家希罗多德赋予了该故事一个更早的版本。在他的版本里，那位信使奔跑的距离不是 22 英里，而是 150 英里，因为在战斗开始前，他先从雅典跑到了斯巴达求助。）在 1896 年第一届现代奥林匹克运动会上，人们举行了第一次马拉松比赛，但直到 1924 年，国际奥林匹克委员会才确定了马拉松的标准长度：26 英里 385 码，或 42.195 千米。

标准轨距（standard gauge）

两条铁轨之间的标准距离。全世界大约 60% 的铁路是按照这个轨距建造的，1 标准轨距等于 4 英尺 $8\frac{1}{2}$ 英寸，或 1.435 米。1846 年，英国颁布的《轨距法案》将这个单位标准化——此前的铁路轨距比这略窄一点，宽度为 4 英尺 8 英寸。欧洲大陆的高速火车所使用的是宽轨距，即 7 英尺 1/4 英寸，或 2.14 米。

口径（caliber）

枪管的内直径，或子弹或者其他弹药的直径。枪的口径可以用英寸（如 0.44 英寸）或毫米（如 9 毫米）来衡量。

内径（bore）

大部分情况下指的是一个圆柱体的内直径，以英寸或毫米来衡量。但在描述霰弹枪（和另外几种武器）时，bore 的意思是 "铅径"，是指 1 磅的铅制造出的弹药能让这支武器发射几轮。因此，一支 4 铅径的霰弹枪比 12 铅径的火力更强。

卡尺（calipers）

一种测量尺寸的工具。一对两脚规是它的标志性部件，一套卡尺由两条有尖头的楔形腿组成。尖头要么朝外（测量内部距离），要么朝内（测量外部距离）。

游标尺（vernier scale）　👁

一种主尺上配有可移动游标的测量工具。法国数学家皮埃尔·维恩尼尔（Pierre Vernier，1580—1637）发明的游标尺让使用者能在测量设备的主尺上读出细微的小数部分。比如，游标尺可以出现在气压计、六分仪、卡尺和千分尺上。

里程表（odometer）

一种测量带轮子的物体行经距离的设备。虽然里程表最常出现在汽车里，但这个概念已经存在了好几千年。早在公元前

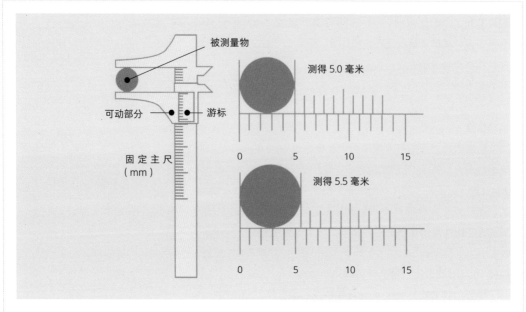

被测量物

测得 5.0 毫米

可动部分 — 游标

固定主尺
（mm）

测得 5.5 毫米

游标卡尺让使用者得以在本来就很
小的尺度上测出更精确的数值。

25 年左右，古罗马建筑师维特鲁威（Vitruvius）就提到过里程表，人们认为最早的里程表可能是阿基米德发明的。

计步器（pedometer）

一种估算步行距离的设备。使用者估计出自己的平均步长，计步器通过使用者行走时上下的颠簸测量步数。行走的距离等于平均步长乘以步数。不过，有了健身追踪器、手机和**全球定位系统**以后，传统的计步器几乎已经销声匿迹。

全球定位系统（Global Positioning System，GPS）

这个术语是对 21 世纪几种高精度卫星导航系统的统称，它们有的用于特定领域，有的近乎通用。最早的 GPS 系统（又叫"导航星"，NavStar）由美国政府从 20 世纪 70 年代开始运作，后来俄罗斯、中国和欧洲也推出了类似的系统。GPS 会通过轨道高度精确的卫星发送信号，通过测量使用者收到信号的延迟时间来锁定使用者的位置，并记录他们的运动，精度可达 1 米以内。

地质

地球年龄（age of Earth）　👁

已知最古老的地球岩石可追溯到 39 亿～ 38 亿年前，但其中包含的矿物质有 41 亿～ 42 亿年的历史。人们相信，一些陨石是和行星同时形成的，通过研究这些陨石，再借助**放射性同位素测年法**，我们得出了上述岩石和矿物质的年龄。

地质年表。寒武纪之前的时期由三个年代组成：冥古代、太古代和元古代。人们相信，固态的行星地球形成于 45 亿年前的冥古代，但当时没有生命存在的证据。

宙 / 代	纪	世	时间	档案
冥古代			45 亿年前	固态行星地球形成。无生命证据。
太古代			40 亿年前	固态地壳形成。最早的单细胞生命出现。
元古代			25 亿年前	山脉开始形成。最早的多细胞生命出现。构造板块的运动减缓到差不多现在的速度。
古生代	寒武纪		5.41 亿年前	后生动物（海绵和珊瑚）和三叶虫出现。冈瓦纳超大陆开始碎裂。
	奥陶纪		4.85 亿年前	最早的鱼出现，但大部分生命依然没有脊椎。没有生活在水以外的生物。
	志留纪		4.44 亿年前	最早的鲨鱼出现，还有最早的陆生植物。
	泥盆纪		4.19 亿年前	鹦鹉螺、两栖动物和最早的呼吸空气的节肢动物出现。
	石炭纪		3.59 亿年前	最早的飞行昆虫出现，植物在陆地上扎牢了根。在这个时代的晚期，出现了最早的爬行动物。
中生代	二叠纪		2.99 亿年前	三叶虫灭绝。盘古超大陆形成。
	三叠纪		2.52 亿年前	最早的恐龙和哺乳动物出现在陆地上。
	侏罗纪		2.01 亿年前	鸟类演化。盘古大陆碎裂，大西洋形成。
	白垩纪		1.45 亿年前	最早的开花植物出现。恐龙和鹦鹉螺灭绝。现在的大陆出现，但位置不一样。
新生代	古近纪	古新世	6600 万年前	内陆海干涸。有蹄类、啮齿类和灵长类演化。
		始新世	5600 万年前	阿尔卑斯—喜马拉雅山系带和落基山脉开始形成。
		渐新世	3400 万年前	草原扩张，森林退缩。最早的类人猿出现。
	新近纪	中新世	2300 万年前	更高级的灵长类演化。气候变凉，南极洲封冻。
		上新世	500 万年前	首次出现人属。
	第四纪	更新世	260 万年前	首次出现智人。
		全新世	1.2 万年前	已知最早的文明开始。

放射性同位素测年法（radio-isotope dating）

放射性同位素测年法通过测量一种同位素在这段时间里有多少衰变成了它的"子"同位素来确定年代。比如，形成于冷却岩浆中的锆石晶体会捕捉放射性的铀-235，但不会捕捉铅。由于最初的锆石晶体内没有铅，而铀-235会衰变成铅-207，所以现在这块岩石中铅的含量就表明了岩石的年龄。铀-235的半衰期是7.04亿年，所以最初存在于一块锆石样本中的铀-235原子在7.04亿年后会有一半变成铅-207。其他用于测定岩石年龄的同位素包括铷-87（半衰期：488亿年；子同位素：锶-87）和钾-40（半衰期：12.8亿年；子同位素：氩-40）。

碳测年法（carbon dating）

一种使用碳同位素——碳-14——的放射性同位素测年法，它的"子"同位素是氮-14。碳测年法之所以有用，是因为碳-14的半衰期相对较短（从地质年代的角度来说！）——只有5730年——所以很适合用来测定年龄介于500到50 000年的物体。和所有放射性同位素测年法一样，使用碳测年法时务必小心确保样本的纯净，比如，不要被火山爆发所释放的二氧化碳污染。

测斜仪（clinometer）

一种测量岩石地层倾斜角度的设备。地壳运动常常使得起初水平的岩层产生明显的倾斜。

火山爆发指数（VEI）衡量的是一次爆发的强度、尘埃（火山灰）的量和由此产生的烟柱高度。纵观人类历史，没有任何一次火山爆发达到过8级火山爆发指数，但这并不意味着地质历史上没有发生过这么强烈的爆发。

火山爆发指数

	0	1	2	3	4	5	6	7	8
一般描述	无爆发	小	中	中大	大	很大			
火山灰体积（立方米）		10^4	10^6	10^7	10^8	10^9	10^{10}	10^{11}	10^{12}
烟柱高度（千米）*	<0.1	0.1~1	1~5	3~15	10~25	25			
定性描述	温和，喷出岩浆	←—— 爆发 ——×→				灾难，突发，气溶胶 ————→			
						严重，狂暴，恐怖 ————→			
分类	←斯特朗博利型→				←—— 普林尼型 ——→				
	夏威夷型	←——武尔卡诺型——→				←—— 超普林尼型 ——→			
历史爆发总数	487	623	3176	733	119	19	5	2	0
1975—1985年的爆发次数	70	124	125	49	7	1	0	0	

*注释：对火山爆发指数0~2的爆发来说，这个数据指的是火山口上方的高度，单位为千米；而对3~8级的爆发来说，这个数据指的是海平面上方的高度，单位为千米。

火山爆发指数（volcanic explosivity index） 👁

一种用于衡量火山爆发强度的指标。它还包括对爆发程度的描述及相应的名称，并记录了历史上该等级爆发的次数。

构造板块漂移（tectonic drift）

地壳由名为"构造板块"的多个部分组成，这些板块不断地相互运动，从而形成了主要的自然地貌，尤其是山脉。板块运动的速度通常不超过每年 2 英寸（5 厘米）。一共有 7 个主要的构造板块，还有一些更小的板块。

地层（strata）

随时间沉淀下来的独立的沉积岩层。不同类型的岩层往往肉眼可见，比如在崖壁上。

里氏震级（Richter scale）

一种衡量地震强度的量级，这个名字来自美国地震学家查尔斯·里克特（Charles Richter, 1900—1985）。这是一个对数量级，从 0 开始，每个整数代表强度是前一个数的 10 倍，每提高一个震级，能量大约是前一个震级的 32 倍。不同于**麦卡利地震烈度表**，里氏震级使用的是地震仪记录到的数据，而不是我们观察到的地震对建筑物和其他结构产生的影响。2004 年印度洋地震的里氏震级是 9.3 级，这是有史以来记录到的最大的地震之一。

麦卡利地震烈度表（Mercalli scale） 👁

一种衡量地震影响（"烈度"）的量级。这个名字来自意大利地震学家朱塞佩·麦卡利（Giuseppe Mercalli），基于物理学家罗西和佛瑞尔的工作，他设计了一套量表来表示人们观察到的地震对地面产生的影响——从 1 级（产生的影响只有地震仪才能记录到）到 12 级（彻底毁灭）。美国地震学家哈利·伍德（Harry Wood）和弗兰克·纽曼（Frank Neumann）对它进行了进一步的修正，现在人们往往称之为"修订麦卡利地震烈度表"。

矩震级（moment magnitude scale） 👁

取代里氏震级的一种量级，用于衡量地震强度。矩震级由日本地震学家金森博雄（Hiroo Kanamori）制定，他认为，里氏震级在高震级时容易"饱和"，比如，震级越高，地震之间强度的

麦卡利地震烈度表

1 不被人感知。

2 建筑物顶层的人可能有感觉。悬挂的物体开始摇晃。

3 类似小卡车经过的震动。悬挂的物体开始摇晃明显。可能不会被识别为地震。

4 类似重型货车经过的震动。停放的汽车可能摇晃，盘子抖动。

5 在户外能感觉到。液体从杯子里溅出来。小东西可能滚动。

6 所有人都能感觉到。人们可能受惊。画从墙上坠落。玻璃可能碎裂。

7 难以站立。薄弱的烟囱会裂开。天花板上的石膏、瓦片和檐口坠落。池塘里出现波浪。

8 影响汽车转向。有的石墙会坠落。对建筑物造成严重的结构性损伤。泉水流向或温度发生变化。

9 对建筑物、水坝和堤防造成大规模的破坏。人们惊慌失措，动物奔逃。

10 大部分建筑物受损。地面滑移，水从河里激荡出来。

11 公路、铁路和地下设施被彻底破坏。地面上出现巨大的裂缝。

12 彻底毁灭。巨大的石块移位，河流改道。视线和地平线扭曲。物体被抛到空中。

地震	里氏震级	矩震级(MM)
1812 年，美国密苏里州，新马德里	8.7	8.1
1906 年，美国加州，旧金山	8.3	7.7
1964 年，美国阿拉斯加州，威廉王子湾	8.4	9.2
1994 年，美国加州，北岭	6.4	6.7

区别就越小。矩震级将低频地震波纳入了考量，这种波常常对大型建筑造成严重的破坏。

沉积速率（sedimentation rate）

弥散在水或空气中的粒子沉降的速率。不同材料在不同条件下自然的沉积速率各不相同，因此，特定材料的沉积速率会向我们透露自然条件是如何随时间而变化的。

朱波夫量表（Zhubov scale）

一种测量冰盖的量表。由苏联海军军官 N.N. 朱波夫（N.N. Zhubov）设计，该量表使用一种名叫"球"（ball）的单位。空旷的水面是 0 球，10% 的冰盖是 1 球，20% 的冰盖是 2 球，以此类推。

纬度（latitude）👁

假想的、平行于赤道的地球表面的线为纬线，纬线的度数为纬度。赤道的纬度是 0 度，赤道和两极之间各有 90 度。北回归线位于北纬 23.5°，南回归线是南纬 23.5°。每一个纬度代表地平线上约 69 英里（111 千米）的距离。

经度（Longitude）👁

假想的、沿地球表面连接南北极的线为经线，经线的度数为经度。经度为 0 度的线被称为格林尼治线或本初子午线，它经过英国伦敦的格林尼治。距离格林尼治线最远的经线是东经或西经 180°，也就是国际日期变更线（International Date Line）的位置。经度和纬度共同构成了一个网格参考系，能确定地球上任何地方的位置。

南北极（North and South Poles）

南极和北极是距离赤道最远的点，也是**经度**线汇聚的交点。地球磁场的南北极和地理南北极并不完全相同，所以要从罗盘上读出正确的方向，必须做出相应的调整——你越往北走，这一点就越重要。地磁北极距离真北极约 625 英里（1000 千米），而且它还在以每年 6 ~ 25 英里（10 ~ 40 千米）的速度不断移动。地球磁极在历史上曾彻底倒转过很多次。

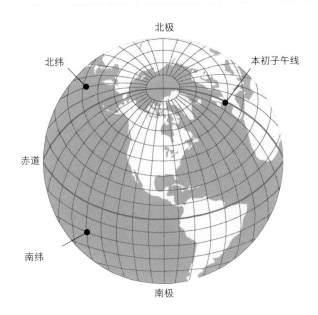

北极

北纬

本初子午线

赤道

南纬

南极

这些交叉分布在地球表面上的想象出来的线提供了一个网格参考系，能确定任何地方的位置。

走向和倾角（strike and dip）

这两个词用于描述岩层或断层相对于水平面的倾斜角度。走向指的是斜面和水平面相交形成的方向线与真北方之间的角度。倾角指的是倾斜面与地球表面相切形成的角度。

重力仪（gravimeter）

重力仪是一种测量地球表面不同位置引力场的设备，它让我们得以比较不同位置的引力差异，这在勘探石油和矿物时特别有用。

磁偏角（magnetic declination；或磁偏差，magnetic deviation）

真北极和地磁北极之间的偏差（见"**南北极**"词条）。由于地磁北极的位置不停地移动，磁偏角也一直在变。

土地面积

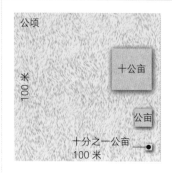

公顷

100 米

十公亩

公亩

十分之一公亩 →
100 米

1 公顷等于 10 000 平方米。1 公顷由 10 个十公亩组成，或者 100 公亩，或 1000 个十分之一公亩。

公顷（hectare，ha） 👁

一种公制土地面积单位，1 公顷等于 10 000 平方米，或约等于 2.47 英亩。该词汇来自法语中的 "are" 和希腊语中的 "hekaton"，目前世界上最常使用公顷单位的国家是美国。

平方米（square meter，m²）

基本的公制面积单位。1 平方米指的是一个边长为 1 米的正方形所包含的面积。正因为米是基本的国际公制长度单位，所以平方米也是基本的国际公制面积单位。国际计量大会（CGPM）推荐所有的面积都应用平方米来表示，而不是公顷或平方千米。当然，1 平方米不一定是正方形，一块长 4 米、宽 25 厘米的区域的面积也是 1 平方米。

英亩（acre，ac）

一种英制土地面积单位，1 英亩等于 4840 平方码，或 4046.8564 平方米。历史上的英亩是一个不太精确的测量单位，传统上它被定义为一个男人和一头牛在一天内能犁的土地面积。出于这个原因，它最初度量的面积不是方形的，而是长条形的，这种形状的土地犁起来更省时，因为它需要让犁转弯的次数更少。1878 年的《不列颠度量衡法案》（British Weights and Measures Act）将 1 英亩定义为如今 4840 平方码的面积。美国的测量英亩比国际英亩略大一点，它等于 4046.8726 平方米。

路得（rood，ro）

一种英制土地面积单位，1 路得等于 1/4 英亩，或约等于 0.1012 公顷。路得最初指的是一块长 40 杆、宽 1 杆的土地面积。现在这个单位已被弃用。

海得 （hide）

　　一种非特定的土地面积单位，曾用于英国各地。人们认为，1 海得相当于一个家庭及其附庸维持生计所需的土地数量。当然，一个家庭需要的土地数量不仅仅取决于人数，所以 1 海得通常介于 60 ～ 120 英亩。随着时间的推移，海得也成了一种衡量纳税义务的单位。根据《盎格鲁 - 撒克逊编年史》（*Anglo-Saxon Chronicle*）的记录，公元 1008 年，国王（埃塞尔雷德二世）要求每 300 海得的土地所有者应出资建造一艘战舰，每 8 海得的土地所有者需缴纳一顶头盔和一件锁甲。

百 （hundred） 👁

　　历史上英国用于将一个县或一个郡划分成小块土地的面积单位。

瑞丁 （riding）

　　英国古代的一种土地划分单位。这个词来自古英语中的 "trithing"，后者本身又来自古诺尔斯语中的 "thrithjungr"，意思是 "第三部分"，传统上瑞丁指的是一个郡分成的三个区之

人们相信，阿尔弗雷德大帝（Alfred the Great）是英国第一个将郡划分为百的国王。

一。目前约克郡仍在使用这个术语，它被分为东瑞丁、北瑞丁和西瑞丁。

县（county）

一个国家的次级分区。最初，县指的是英国一位伯爵管辖的土地面积。现在县已经成为次级的地理区划，一个大的地方行政单位由多个县组成。

区（section）

一种土地面积单位，主要在美国和加拿大用于土地测绘。1区通常等于1平方英里，或640英亩，不过为了弥补地球的曲度，区有时候会放大或缩小一点点。

镇区（township） 👁

一种土地面积单位，主要在美国和加拿大用于土地测绘。1镇区由36个区组成，等于36平方英里，或23 040英亩。镇区最初由1785年的一道法案定义为一个土地面积单位，该法案宣称，镇区的两条边必须是南北走向，另两条边必须与之成直角，

一个镇区由36个区组成，1区等于1平方英里，但有地球弯曲造成的少许出入。

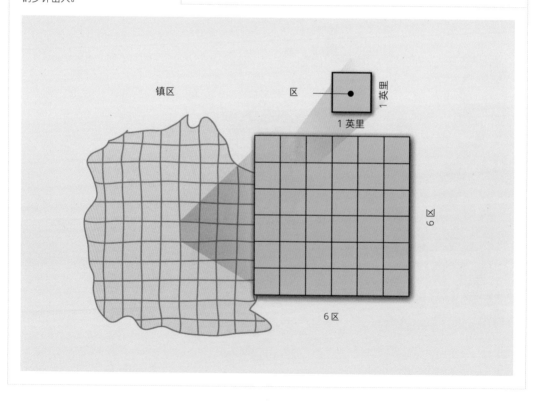

镇区　　　区　　　1英里

1英里

6区

6区

也就是说，镇区应该是正方形或长方形的。如果有河流之类的自然地貌干扰，或者这块地里有一片美国原住民保留地，这个单位就没法用了。

平方英里（square mile，sq mi）

一种英制土地面积单位。1 平方英里指的是一块边长为 1 英里的正方形所包含的面积，但它不一定是方的，一块长 4 英里、宽 1/4 英里的土地面积也是 1 平方英里。1 平方英里等于 640 英亩，或约等于 2.5 平方千米。

平方英寸（square inch，sq in）

一种英制面积单位。1 平方英寸指的是一块边长为 1 英寸的正方形所包含的面积，但它不一定是方的。1 平方英寸等于 6.4516 平方厘米。

哈仙达（hacienda）

一种来自南美西班牙领地的土地测量单位。传统上在墨西哥、阿根廷和南美其他地区，1 哈仙达相当于一块奖励给西班牙贵族的土地面积。它的官方尺寸是 89.6 平方千米，但事实上，最初"哈仙达"这个词所代表的土地面积出入很大。

半由格（actus quadratus）

罗马的一种土地面积单位。半由格是罗马基本的土地测量单位，它相当于一块 120 罗马英尺（罗马尺，pes）见方的土地面积。1 半由格等于 14 400 平方罗马尺，约等于今天的 13 500 平方英尺。

阿庞（arpent）

16—18 世纪法国主要使用的土地面积单位。它被定义为 100 平方竿，但这并不是一个固定的测量单位，因为法国不同地区"竿"的长度不一样。因此，巴黎阿庞约等于 3420 平方米——这是最常用的值。公社阿庞约等于 4220 平方米，而法定阿庞（arpent d'ordonnance；又叫"水域或森林阿庞"，arpent des eaux et forêts；或者"大阿庞"，grand arpent）约等于 5100 平方米。在法国的影响下，加拿大也有阿庞这个单位。加拿大阿庞源于巴黎阿庞，所以它也约等于 3420 平方米。

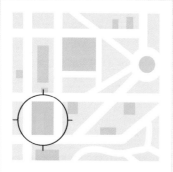

如果一个街区是长方形而非正方形的，那么平行街道之间的距离相应地被描述为"长街区"和"短街区"。

顷（ch'ing）

中国的一种土地面积单位，现已弃用。1顷等于100亩，约等于66 666.67平方米。

亩（mu）

中国的一种土地面积单位。在中国历史上，亩的定义出入很大，最小只有周朝早期的192平方米，最大可达元朝的840平方米。1959年，亩被标准化为一个公制单位，1亩等于$666\frac{2}{3}$平方米。

费单（feddan）

埃及和苏丹使用的一种土地面积单位。历史上曾在北非和中东普遍使用，1费单约等于4200平方米。

摩根（morgen）

一种传统的土地面积单位，历史上广泛用于北欧。这个词来自德语中的"早晨"，1摩根等于一头套上轭的牛一上午能犁的土地面积。这样的量度肯定不精确，所以1摩根在不同地区代表的面积各不相同。

贺梅珥（chomer）

一种古希伯来单位，既可度量土地面积，又可度量容积。在各版本的现代英语《圣经》中被翻译为"homer"或"measure"。作为容积，1贺梅珥约等于230升；作为土地面积，人们相信，它等于1贺梅珥的种子能播撒的土地面积，约为2.4公顷，或6英亩。

奈（rai）

泰国的一种土地面积单位。"rai"这个词的意思是"土地"（主要用于形容旱地而非水田）。这是一个古老的计量单位，现在公认1奈等于1600平方米，或约等于0.4英亩。

街区（block） 👁

在北美，特别是美国和加拿大，"block"是一个非特定的土地面积单位。由于大多数北美城市的街道布局都呈规则的网格状，因此一个街区通常是指四条相交的街道所围成的土地区域，或者通俗地说，从一条街到下一条平行街道的距离。不同城市街道之间的距离相去甚远，通常介于 80 ～ 160 米。在某些城市里，比如纽约，某个方向的街道比垂直于它们的街道排布得更紧密，于是有了"长街区"和"短街区"这样的术语。

邮区编码 / 邮政编码（zip code/postal code）

由字母和数字混编的系统,将土地面积划分为邮区。ZIP 是"邮区改进计划"（Zone Improvement Plan）的首字母缩写，ZIP 编码由 5 位数组成。ZIP+4 是一种扩展邮区编码，它给标准的 ZIP 编码额外加了 4 位数，因此能够精确地锁定一个地址。标准 ZIP 编码的第一位代表州的特定编组；第二位代表这个组内的一个区域；后三位则在这个区域内部定义了一个更具体的地区。邮政编码是由字母和数字组成的一个序列。第一个或第一组字母代表一个地区；紧随其后的一个或两个数字代表该地区内的一个区域；最后一组字母和数字代表更具体的分区。一个邮政编码可以代表一条街道或者一条街道的一部分，甚至单独的一幢建筑。

大陆（continent） 👁

世界上任意一片面积广阔的陆地区域。"continent"这个词来自拉丁语"terra continens"，意思是"连续的大片土地"，因此它是一个非特定的测量单位。全世界到底被划分成几个大陆？关于这个问题，人们仍未达成共识。不过人们普遍接受有七大陆地：欧洲、亚洲、非洲、北美洲、南美洲、大洋洲和南极洲。

这个世界大致分为七大陆地，但亚洲和欧洲属于同一片连续的土地，澳大利亚大陆有时候被视为亚洲大陆的一部分。

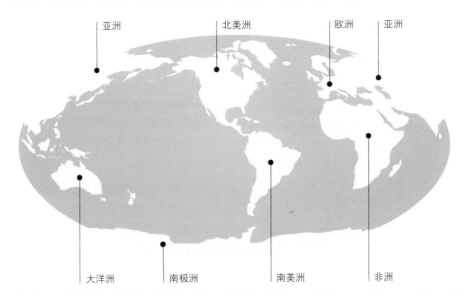

亚洲　　北美洲　　欧洲　亚洲

大洋洲　　南极洲　　南美洲　　非洲

商贸

有效载荷（payload）

　　一架商用飞机承载营收载荷（货物、邮件、乘客和行李）的能力。一架飞机可用的总运载能力被称为额定载量，单位是吨，其中有收入的载荷就是有效载荷，单位也是吨。

吨英里（ton-mile；吨千米，tonne-kilometer）

　　商业航空领域中用于计算运输营收载荷运费的一种单位，定义为将 1 吨载荷运送 1 英里（或 1 千米）所需的费用。

吨位（tonnage）

　　船运业衡量一艘船的运载能力的单位，用于注册、费用评估等场合。尽管名为"吨位"，但这个单位衡量的是体积而非重量，而且通常指的是总吨位，包括运载货物、仓储、燃料、乘客和船员的能力。在 1969 年的《国际船舶吨位丈量公约》（International Convention on Tonnage Measurement of Ships）问世以前，吨位的常用单位是"总注册吨位"（gross registered tons，grt，1grt 等于 100 立方英尺），但现在，总吨位（gross tonnage，gt）和立方米的换算遵循下面的公式：

　　$gt = K_1 V$

　　其中 $K_1 = 0.2 + 0.02 \log_{10} V$

　　而 V = 以立方米为单位的空间体积

　　净注册吨位（net registered tonnage）的计算公式十分复杂，其中涉及船舶的吃水深度和运送人员的能力，以及一个系数 K_c；修正总吨位（compensated gross tonnage，cgt）的计算公式甚至更复杂，还需要考虑船舶的尺寸和类型。

　　值得庆幸的是，载重吨位（Deadweight，dwt）很好算。它指的是船舶最多能装载的包括所有货物、仓储、燃料、乘客和船员在内的总重量，以英吨或公吨为单位。空载吨位（Lightweight

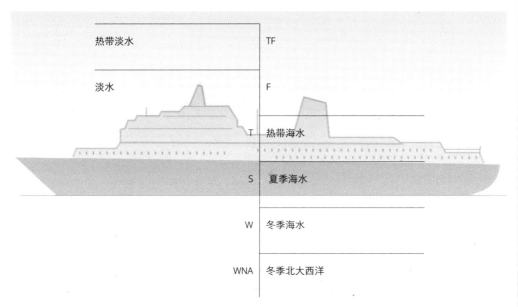

热带淡水	TF
淡水	F
	T 热带海水
	S 夏季海水
	W 冬季海水
	WNA 冬季北大西洋

tonnage，lwt）是船舶自身的重量，以它的排水量来衡量，单位是英吨或公吨。

水的温度和密度会影响所有大小船只、驳船或浮船的吃水深度。一艘船满载的时候，它的吃水深度不应大于它所行经的水体和季节的吃水线。

吃水线（Plimsoll line；载重线，loadline） 👁

　　船身侧面的一个标志，标明它在不同季节和水体中最大限度的吃水深度（龙骨在水面下的深度）。虽然它的正式名称是"载重线"，但"吃水线""吃水标"等名字流传得也很广泛，这是为了纪念英国政治家塞缪尔·普利姆索尔（Samuel Plimsoll），他不遗余力地呼吁加强对海运船舶的监管。

20 英尺等效单位（twenty-foot equivalent）

　　用于集装箱货运的一种单位。船运业常用的单位包括"20 英尺等效单位"（20-foot equivalent，TEU）和"40 英尺等效单位"（40-foot equivalent，FEU），数字代表集装箱的长度，不过同样的货物也用其他长度的集装箱来装。这些集装箱的标准宽度是 8 英尺（2.4384 米），直到不久前，它们的高度也是 8 英尺，但现在，40 英尺长度的集装箱更常见的高度是 9 英尺 6 英寸（2.8956 米）。

桶（tun） 👁

　　度量液体的一种单位，尤其是在英语国家度量葡萄酒、烈酒和啤酒。它代表常用的最大酒桶尺寸，虽然桶的大小不一，但一个标准桶的容量是 200 英制加仑（或 252 美制加仑——这个单位又被称为"酒加仑"）或 953.88 升。1 桶可以分为 2 管（pipe），4 霍斯海德（hogshead），或者 6 蒂厄斯（tierce）。现在，啤酒、葡萄酒和烈酒批发贸易使用的主流单位已成了升或百升。

桶（barrel）👁

度量体积的一种单位，在历史上应用于葡萄酒和烈酒之类的液体贸易，以及衡量特定的干货物。今天，国际公认的这个单位的用法只有一种，即衡量石油的体积，1 桶等于 42 美制加仑，或 158.987 升。但在英语世界里，"桶"仍被用来度量种类繁多的货物，它对应的具体数值多得令人迷惑。英国和美国使用的啤酒桶尺寸不同（1 美制桶等于 31 美制加仑，或 117.35 升；而 1 英制桶等于 26 英制加仑，或 163.66 升），甚至美国各个州都不一样。至于干货物，在美国，1 桶水果和蔬菜等于 7056 立方英寸——但蔓越莓例外，1 桶蔓越莓有 5826 立方英寸！好像事情还不够复杂似的，有时候桶还会被用作重量单位。加拿大的 1 桶水泥重 350 磅，而美国的 1 桶砌筑水泥是 280 磅，但 1 桶波特兰水泥重 376 磅。

基尔德坎（kilderkin）

度量液体和干货物体积的一种灵活的单位，在美国等于半桶，其具体数值相应地取决于桶的大小。而在英国，这个术语大致描述的是一个容积为 16～18 英制加仑（73～82 升）的小桶。

描述啤酒、葡萄酒和烈酒容器的术语和尺寸。这些容器的实际体积地区差异很大，各地还有很多不同尺寸的容器，或者专门用来装某种饮品的容器，譬如"巴特"（butt）、"奥姆"（aum）、"里格"（leaguer）和"斯塔克"（stück）。

1 桶
=2 管

1 管
=2 霍斯海德 =3 蒂厄斯

1 霍斯海德
=2 夸特

1 夸特
=2 奥克塔夫

1 桶
=4 小桶

1 穆伊德
=3 蒂尔肯

1 列
=2 件

1 件
=2 弗雷特

弗金（firkin）

度量液体和干货物体积的一种单位，1弗金等于半基尔德坎。在美国，弗金也被用作重量单位，1弗金等于56磅（25.401千克），大概是装满一个"弗金"容器时其中货物的粗略或平均重量。

瓶容量（bottle sizes）　👁

葡萄酒瓶的容量从375毫升的"半瓶"到15升的"巴比伦王瓶"不等。较大尺寸的瓶子通常用来装起泡酒，尤其是香槟。零售的葡萄酒一瓶通常是75厘升（cl，有时候是1升），烈酒是70厘升（有时候是75厘升或1升），每箱12瓶。廉价葡萄酒有时候会装在1升的瓶子里售卖。啤酒和苹果酒的常见零售规格包括275毫升、330毫升、500毫升、1升、1.5升、2升和3升，而在英国，1品脱或半品脱的精酿啤酒和苹果酒在酒吧里售卖。

双耳瓶（amphora）

古希腊和古罗马用来装酒或油的一种容器。和"桶"一样，这种容器的名字也能用来形容一种特定的尺寸——在罗马后期是25升左右——请不要把这两个单位弄混，因为双耳瓶也有很多尺寸。1双耳瓶可以分成3"莫蒂"（modii）或2"厄纳"（urnae），这些单位既能描述液体，也能衡量干货物。

下图所示为传统上香槟酒瓶的尺寸和名称，但在波尔多，以色列王瓶的容量是5瓶或6瓶，玛士撒拉瓶被称为"皇家大酒瓶"（impériale）；而在英国，以色列王瓶的容量是6瓶，犹太王瓶则是8瓶。

巴比伦王瓶 = 20 瓶

巴尔退则瓶 = 16 瓶

撒曼扎瓶 = 12 瓶

犹太王瓶 = 6 瓶

以色列王瓶 = 4 瓶

玛士撒拉瓶 = 8 瓶

马格南瓶 = 2 瓶（每瓶 75 厘升）

1 瓶（75 厘升）

半瓶（375 毫升）

百升（hectoliter）

公制系统中的 100 升——这种单位广泛应用于液体的大宗交易。除了石油业，在大多数行业中，它基本上取代了桶之类的传统单位。但世界上仍有一些地区不太情愿使用这个单位，其中包括坚持使用英制单位的美国。

小桶（keg）

一种容器，通常是一个小木桶，能装各种货物，其尺寸和定义各异。在葡萄酒贸易中，传统上 1 小桶等于 12 美制加仑（约45.52 升），或者半桶啤酒，其具体数值在英国和美国各有不同。在渔业中，1 小桶代表 60 条鲱鱼。1 小桶钉子等于 100 磅（45.359千克）。

蒲式耳（bushel）

一种体积单位，有多个不同的值，但现在基本已不再使用。在美国，蒲式耳是一个度量干货物的单位，又叫"温切斯特蒲式耳"，1 蒲式耳等于 4 配克（peck），或约等于 1.2445 立方英尺（35.239 升）。在英国，蒲式耳是一个度量液体的单位，1 蒲式耳等于 8 英制加仑（36.369 升）。在英语世界的商业贸易中，谷物之类的农产品以蒲式耳为重量单位来度量，但不同国家、不同货品使用的蒲式耳数值各异。后来，1 蒲式耳被标准化为 60 磅（27.216 千克），又叫"国际玉米蒲式耳"，但现在它已被公制单位所取代。

配克（peck）

一种体积单位，主要用于度量谷物和水果之类的干货物，是蒲式耳的一个细分单位。1 配克等于 1/4 蒲式耳或者 2 加仑，在美国相当于 8.809 75 升，在英国则是 9.092 25 升。

捆（sheaf）

一种传统（且约略的）单位，用于度量小麦和大麦等仍在茎秆上的谷物。1 捆指的是一束周长为 30 ~ 36 英寸（75 ~ 90 厘米）的茎秆。

考得（cord）

林业领域一种度量成堆圆木的体积单位，在美国至今仍然广泛使用。它被定义为一堆 8 英尺长、4 英尺宽、4 英尺高的圆木的体积，因此等于 128 立方英尺（3.625 立方米）。1 考尺（cord foot）等于 1/8 考得，或 16 立方英尺（0.4531 立方米）；1 垛（rick）等于 1/3 考得。

板英尺（board foot）

一种传统的木材体积单位，又叫"计量板尺"（foot board measure, fbm）、"板计量"（board measure）或"超英尺"（super foot）。1 板英尺指的是一块 1 英尺宽、1 英尺长、1 英寸厚的木板的体积，因此等于 1/12 立方英尺（0.002 83 立方米）。

霍普斯英尺（hoppus foot）

英国林业使用的一种传统的木材体积单位，因爱德华·霍普斯（Edward Hoppus）而得名，他设计这个单位是为了度量一根长为 L、周长或围长为 G（以英尺为单位）的圆木体积：

可用木材（霍普斯英尺）(hoppus ft) = L (G/4)^2

1 霍普斯英尺等于 1.273 立方英尺（0.361 立方米）。至今仍在世界上部分地区继续使用的相关单位有霍普斯吨（等于 50 霍普斯英尺，或 1.8027 立方米）和霍普斯板英尺（等于 1/12 霍普斯英尺）。

标（standard）

林业领域使用的一种度量成堆木材体积的传统单位。常用的"标"有三种：圣彼得堡标或彼得格勒标（165 立方英尺）、哥德堡标（180 立方英尺）以及英制标（270 立方英尺）。

百立方英尺（cunit）

林业领域使用的一种度量木材体积的传统单位。它代表可用木材的体积，即除掉树皮和原木之间的空隙后的体积，1 百立方英尺相当于 100 立方英尺（2.8317 立方米）的实木体积。

圈（ring）

箍桶匠在制桶时用来衡量木板和桶板的一种度量单位。这个术语来自运输过程中捆扎桶板的金属圈，每圈桶板有 240 块，所以 1 圈代表 240 块桶板或木板。它可以分成 4 堆（shock），每堆 60 块。

医药

阿普加评分（Apgar score）👁

　　一种评估新生儿健康水平的标准方法。分数范围为 1 ~ 10，通过观察 5 个关键参数（心率、呼吸、肌张力、反射应激性和皮肤颜色）来评分。新生儿出生后第 1 分钟和第 5 分钟，医护人员会给每个关键参数各打一个 0 到 2 的分数。因此，每个孩子有 2 个阿普加评分。3 分以下属于情况危急，新生儿可能需要医疗关注；7 分以上是正常。

阿普加评分的名称来自弗吉尼亚·阿普加（Virginia Apgar），她在 1952 年设计了这套量表。

信号	0分	1分	2分
心率	无	低于100	高于100
呼吸	无	弱、不规律或喘息	良好，啼哭
肌张力	松弛	四肢略微弯曲	弯曲良好，或四肢动作活跃
反射应激性	无反应	皱眉微弱地哭	哭声响亮
皮肤颜色	浑身青紫或苍白	肢端青紫	浑身粉红色

身体质量指数（body mass index，BMI）

　　一个人的体重（单位为千克）除以身高（单位为米）平方的比值，是衡量健康水平的粗略指标。身体质量指数可以告诉我们一个人在其身高水平上是体重过轻、超重还是适中。笼统地说，BMI 低于 18.5 表明这个人体重过轻，超过 25 则代表超重。但这种计算只能粗略地表示人的健康水平：推荐的 BMI 因年龄而异，而且没有考虑身体的脂肪量——爱运动的人肌肉占比高，他的 BMI 可能和肥胖者相同，但不一定算超重。

血压（blood pressure）

衡量大动脉内血液压强的一种度量衡，单位为毫米汞柱（mmHg）。血压有两个值：高压或收缩压（正常值为90~140mmHg），低压或舒张压（正常值是60 ~ 90mmHg）。因此，120/80的血压代表收缩压是120mmHg，舒张压为80mmHg。

血压计（sphygmomanometer）

测量血压的一种仪器。将一个可充气的臂带套在大臂上，给它充气，然后慢慢放掉臂带里的空气，降低大臂所受到的压力。臂带充满气时，仪器会测量收缩压；放气时再测量舒张压。

血细胞计数（blood count）

测量给定体积的血液内细胞数量的一种方式。血液里有大量不同的微粒，这些微粒的数量可以很好地表明一个人的健康水平。

凝血时间（clotting time）

血液凝结需要的时间，一种衡量凝血效率，进而衡量血液大体健康水平的单位。健康人的凝血时间在5 ~ 15分钟。

血型（blood group）

描述人类血液特征的一种方式。最常用的血型分类是ABO系统。它根据红细胞表面携带的抗原类型（A或B）及其产生的抗体类型来定义血型（A型、B型或O型）。某些血型能和别的血型兼容，其他的则无法兼容。

心电图（electrocardiogram，ECG）

利用心电图仪（这种仪器会记录心脏内部的电压，形成一幅连续的条状图形）来记录一个人的心率和其他心血管功能的一种方式。流行文化中常用显示一条直线的心电图来表明人死了。事实上，"直线"——技术上代表心脏收缩——表明心搏骤停，预后很差，但不一定会死。

静息心率（resting heart rate）

人在休息时，其心脏1分钟收缩的次数。静息心率的平均值是70。静息心率低于60，是"心动过缓"的一种症状，但不一定需要担心，除非伴有其他症状。非常健康的人，例如男女运动员，静息心率往往低于 60。静息心率高于 100 则是"心动过速"的症状。

新陈代谢率（metabolic rate）

人体在特定时间内所消耗的热量的量度。基础新陈代谢率表示静息状态下维持身体基本功能所需消耗的热量，具体取决于一个人的年龄、体重、身高、饮食、健康和其他因素。通过锻炼会提高新陈代谢率，某些疾病也会影响新陈代谢率，如甲亢。

脑电图（electroencephalogram，EEG）👁

一种脑部电活动的视觉呈现。EEG 是一种神经生理学探查手段，用于评估脑损伤、癫痫等，记录脑电图需要将电极贴在头皮上。EEG 表现为纸面或示波器上的可视线条。

脑波（brain waves）

一种衡量脑部电活动的方式，表现为**脑电图**。EEG 会测量四种不同类型的脑波——阿尔法波、贝塔波、德尔塔波和塞塔波——每种脑波都有不同的频率范围。脑部释放的脑波类型由受试者的意识状态和年龄共同决定。

脑电图记录脑部在一段时间内的电活动。平直的线条代表电活动为 0，也就意味着没有脑活动。

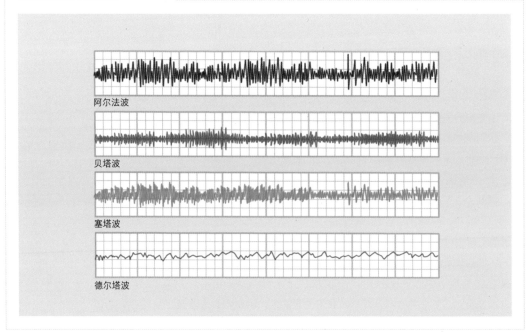

阿尔法波

贝塔波

塞塔波

德尔塔波

智商（IQ）

　　衡量个人认知能力的一种方式。IQ 代表"智力系数"（intelligence quotient），亦即智商。一个人的智商通过一系列标准化测试来测量，并对测量结果进行标准化，所以特定年龄人群的平均智商是 100。因此，智商超过 100 意味着这个人的智力系数超过同年龄段的平均水平；智商低于 100 则代表低于平均水平。

20/20 视力（twenty-twenty vision）

　　衡量一个人视觉敏锐度的量度，如果在荷兰眼科医生赫尔曼·斯内伦（Hermann Snellen）设计的量表上测得 20/20 的结果，就意味着此人的视力完全正常。要拿到这个分数，受试者必须能在 20 英尺远的距离读出斯内伦视力表第 20 行的字母。

肺活量（lung capacity）

　　双肺一次最多能吸入的空气体积。用一个人的身体表面积（单位为平方米）乘以 2500 可粗略估算出肺活量，单位是立方厘米。

峰流速（peak flow）

　　衡量一个人用力呼气时空气的最大流速。人们利用峰流速仪来测量这个值，它是一根配有面罩的短刻度管。

呼吸计（respirometer）

　　一种测量生命体呼吸效率的设备。呼吸计测量的是吸入的氧气和呼出的二氧化碳。

呼气式酒精检测仪（Breathalyzer）

　　一种测量呼气酒精含量的设备。血液流经肺部时，空气会让血液中的酒精（无论含量是多少）蒸发。因此，呼出气体中的酒精含量和血液中的酒精含量直接成正比，所以呼气式酒精检测仪能可靠地表明血液中的酒精水平。血液酒精含量与呼气酒精含量的比例大致是 2100:1，但可能因人而异。

格拉斯哥昏迷指数（Glasgow coma scale，GCS）

　　衡量患者对脑损伤响应的一项指标。格拉斯哥昏迷指数会给三个观察指征分别打分：睁眼反应（eye response）、说话反应

（verbal response）和运动反应（motor response）。每个指征都会得到一个 1 ~ 5 的分数，三项加起来的总分就是 GCS 得分。3 分（最低分）意味着患者深度昏迷，15 分（最高分）表明患者完全清醒。

防晒系数（sun protection factor，SPF）

衡量防晒霜抵抗 B 型紫外线（可导致晒伤）能力的一种度量。SPF 为 10 的防晒霜意味着使用者能在太阳下停留的时间是无防护时的 10 倍，但这个值还会受到其他因素的影响，譬如使用者的皮肤类型和阳光的强烈程度。SPF 分数无法体现防晒霜过滤 A 型紫外线的能力，后者也会对皮肤造成损伤。

烧伤程度（burns, degrees of）

衡量烧伤严重程度的表达方式。烧伤程度一般分为三个等级：一级、二级和三级。一级烧伤的症状是红肿；二级烧伤会有一定程度的水疱；三级烧伤会出现皮肤碳化。影响到皮下组织的烧伤有时候被称为四级烧伤。

计算机断层扫描（computed tomography）

一种给身体拍摄横截面细节图像的过程。计算机断层扫描利用一系列绕特定轴旋转的 X 射线来完成，由此产生的图像就是人们所熟知的 CAT 扫描图。

超声波扫描（ultrasound scanning）

一种利用高频声波给内脏拍摄二维或三维图像的方式。超声波很适合对肌肉和软组织进行成像，还有一个优势是能在屏幕上显示实时的活动画面，但它不能穿透骨头。

磁共振成像（magnetic resonance imaging，MRI）

一种利用磁波和声波给内脏生成二维图像的方式。MRI 扫描类似 X 射线成像，只是更详细一些，而且不必让身体暴露在可能有害的 X 射线辐射中。

正电子发射断层成像（positron emission tomography，PET）

这种成像方式能给体内正在发生的过程（如新陈代谢功能）拍摄三维的彩色图像。PET 扫描需要向体内注射一些标记有短寿命放射性元素的物质，然后跟踪它们的放射性同位素。

射线成像（radiography）👁

利用 X 射线在胶片上生成图像的过程。X 射线能穿透固体，但该物体的密度会影响射线穿过它以后的强度。因此，射线成像能生成生命体内部结构的二维图像。

剂量学（posology）

研究剂量的药学分支。"posology"这个词来自法语，最初则源自希腊语中的"posos"，意思是"多少"。

半数致死量（LD_{50}）

衡量毒性的一种方式。LD_{50} 代表"50% 致死剂量"，定义为某物质能杀死受试群体中 50% 成员的剂量。LD_{50} 通常用该物质质量与体重之比来表示，例如毫克每千克。这种度量毒性的方式正在逐渐被淘汰，因为它测试的必然是动物，而不是人类。

小鼠单位（mouse unit）

一种衡量毒性的单位。1 小鼠单位代表一种物质导致半数小

X 射线穿透骨头比穿透软组织更难，所以射线成像才能生成有用的骨骼图像。

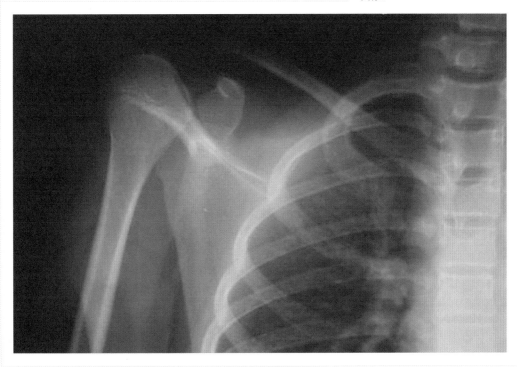

鼠死亡的剂量——也就是以小鼠为受试对象的LD$_{50}$。所以，一个小鼠单位代表的剂量取决于具体的有毒物质。

人口统计学（demography）

研究人群数量、结构和分布的一门学科。人口统计学研究的因素包括疾病发生率、出生率、死亡率、生育率、婴儿死亡率、预期寿命和繁殖率等。人口统计学的数据来源相当广泛，包括出生记录、死亡记录和人口普查资料。

出生率和死亡率（birth and death rates）

每年每1000人中出生和死亡的人口数量，它们更常见的名称是"粗出生率"和"粗死亡率"，这个数据可能造成误导。更有意义的死亡统计数据是分年龄组的死亡率。

预期寿命（life expectancy）

衡量给定人群中个体平均剩余寿命的一种指标。因此，如果某些人群的婴儿死亡率比较高，那么出生时的预期寿命肯定和——举个例子——5岁时很不一样。但在口语中，这个术语指的是出生时的预期寿命。

气象

海拔（altitude）

在气象学中，海拔指的是一个物体高于地球表面、平均海平面或某个等压面的高度。

高度计（altimeter）

一种测量物体海拔的设备。气压高度计测量的是大气压强，并将它与海平面上的气压作比较；无线电高度计测量的是无线电信号从地球表面的发射器传递到该物体并返回到接收器所消耗的时间；而**全球定位系统**（GPS）测量的是无线电信号在卫星和接收器之间往返花费的时间。

直减率（lapse rate）

大气变量（通常是温度）随高度而下降的速率。

气象图主要通过等压线以及天气锋面的位置和类型来表示高压区或低压区的方位。

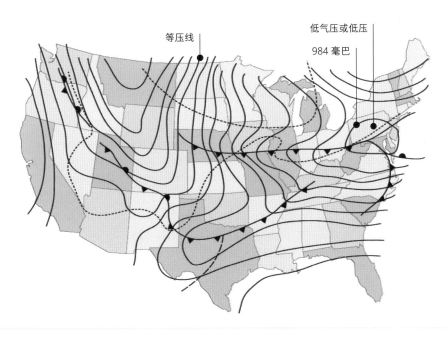

等压线

低气压或低压

984 毫巴

作用于水银液表面的大气压强足以支撑一根汞柱。这根标有刻度的玻璃管顶部的空间被称为"托里拆利真空"（Torricellian vacuum）。

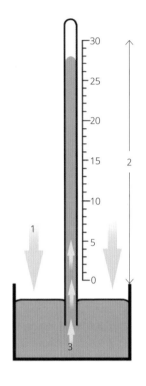

1 空气压力向下作用于水银，迫使它沿真空玻璃管上升。

2 通过刻度读出汞柱高度。

3 加盖子可防止水银泄漏，但应允许气压影响水银。

巴（bar，b）　👁

一种气压单位，1 巴等于 1.019 72 千克力每平方厘米（约等于 14.503 76 磅力每平方英寸），这个值略高于地球大气的平均压强（1.013 25 巴）。在气象学的实际应用中，更常见的单位是毫巴（mb）。与之相关的另一个单位"巴列"（barye，ba）是 CGS（厘米 – 克 – 秒）系统的压强单位，1 巴列就是 1 微巴。这个词来自希腊语中的"barys"（重量），它的衍生术语还有气压毫巴、气压计、自动记录式气压计等。

毫米汞柱（millimeter of mercury，mmHg）

一种压强单位，1 毫米汞柱等于地球表面上一根高 1 毫米的汞柱造成的压强。这个单位源自水银气压计，利用这种设备，我们可以通过汞柱的高度来读出气压。在现代气象学中，毫米汞柱和英寸汞柱这两个单位都已被巴和毫巴取代。但在医学领域，血压的单位依然是毫米汞柱。

气压计（barometer）　👁

测量大气压强的一种设备。水银气压计有一根容纳水银的垂直玻璃管，其顶端封闭，底部浸没在水银中，使用者通过玻璃管内的汞柱高度读出气压。无液气压计没那么准确，但更紧凑便携，它的主体是一个波纹表面的真空薄壁金属盒，其中一端固定，另一端与一套机械装置相连，这套装置能将气压变化引起的盒壁运动转化成气压计上指针的读数变化。

温度气压记录仪（thermobarograph）

一种记录气压和温度的设备，它综合了温度记录仪（记录温度）和气压记录仪（记录气压）的功能。

等压线（isobar）

气象图上将给定时间气压相同的地点连起来的一条线。

等温线（isotherm）

气象图上将给定时间温度相同的地点连起来的一条线。

大气（atmosphere）　👁

包裹地球表面的气体所形成的球壳。地球大气延伸到约

2500 千米的高度，它可以分成几个不同的层：非均质层，包括散逸层和热电离层；均质层，包括中间层、平流层；对流层。

风速（wind speed）

地球表面空气运动的速度，单位是米每秒，或者是传统的英里每小时，或节。

蒲福风级（Beaufort wind scale）

一种基于风的可观察效应来估计风速的经验性标度。它最初由英国海军上将弗朗西斯·蒲福（Francis Beaufort，1774—1857）提出，其评估基础是风在海面上带起的浪。后来它发展成了适用于陆地的一种标度，相应地增加了在陆地上可观察的效应。1955 年，美国气象局（U.S. Weather Bureau）将国际公认的 0 ～ 12 风级扩展到了 17 级，但人们普遍认为，后面增加的 13 ～ 17 级既不切合实际也没必要。

风寒指数（wind chill factor）

一种综合考量了风速和风对人体表面制冷效果的量度，2001年，人们重新定义了风寒指数，确立了风寒温度指数（wind chill temperature index，WCTI）的计算公式：风寒指数 = $13.12 + 0.6215T - 11.37(V^{0.16}) = 0.3965T(V^{0.16})$，其中 T 是气温（℃），V 是风速（km/h）。

科氏力（Coriolis force）

一种虚构的力，用于解释自转系统中物体的运动，尤其是在气象学中解释地球自转造成的物体运动与理想情况的偏离。从赤道向北吹的风会明显向东偏移，通过这种现象可观察到科氏力的存在，这源于地球在不同纬度上自转线速度的差异。科氏力的名字来自德国数学家加斯帕·古斯塔夫·德·科里奥利（Gaspard Gustave de Coriolis，1792—1843）。

藤田龙卷风级数（Fujita tornado scale）

一种基于可观察的破坏程度测量龙卷风风速的经验主义量级，更准确的名称是"藤田-皮尔森级数"。和蒲福风级一样，它利用 F0 到 F5 的风级数字来表示越来越高的风速。

大气层内不同分层的高度：

1 散逸层 700 ～ 2500 千米
2 热电离层 85 ～ 700 千米
3 中间层 50 ～ 85 千米
4 平流层 12 ～ 50 千米
5 对流层 最高约 12 千米

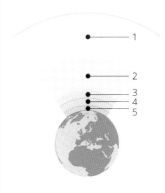

大潮发生时，潮汐的最高点和最低点都会分别超过平均水平；而在小潮期间，高低潮之间的差值低于平均水平。

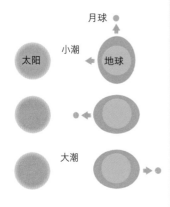

月球
小潮
太阳　地球

大潮

热带气旋强度等级（tropical cyclone intensity scale）

一种根据标准气压计高度（10 米）上的平均风速来描述热带海洋上生成的旋转风暴（包括气旋、飓风和台风）严重程度的量级。国际公认的强度等级是：

1. 热带低压，风速最高达 17 米 / 秒。

2. 热带风暴，风速达 18 ~ 32 米 / 秒。

3. 强热带气旋、飓风或台风，风速达 33 米 / 秒以上。

萨菲尔 – 辛普森飓风风力等级（Saffir – Simpson hurricane scale）

一种基于可观察的损害程度来描述飓风严重性的量级。

干旱强度指数（drought severity scale）

一种衡量特定时间、特定地点下干旱严重程度的量级，综合考量了降水不足和天气异常的情况。1965 年，美国气象学家 W.C. 帕默尔（W.C. Palmer）设计了帕默尔干旱强度指数（Palmer Drought Severity Index，PDSI），该指数利用降水量、温度和土壤含水量数据来计算结果。

潮汐（tides）👁

在气象术语中，"潮汐"特指主要由月球引力引起、一定程度上也受到太阳引力影响的地球海洋潮汐。这种引力会让面向月亮的海水产生一个"凸起"，地球另一面的海洋也会相应地凸起，这就是发生高潮的海域。如果月球引力得到了太阳引力的加强（在满月和新月的时候），就会产生更强的潮汐，人们称之为大潮（spring tide）。而当太阳引力和月球引力成 90° 角时（半月的时候），就会产生较弱的潮汐，名叫小潮（neap tide）。

湿度（humidity）

空气中的水分含量。它通常（也更准确）表达为相对湿度，即湿润空气中的蒸气压强与同样温度下饱和蒸汽相对于水的压强之比，以百分数来表示。给定空气样本的相对湿度极大地取决于温度，反过来说，相对湿度又会影响体感温度。二者的关系可通过热指数表（又名"舒适指数表"）查询，它类似于风寒指数，给出了不同温度和相对湿度下的体感温度。

露点（dew point）

　　给定湿润空气样本变得饱和，并在接触到地面或更冷表面时结露［或在地面上方凝结成水滴，在这种情况下，人们有时候也称之为"云点"（cloud point）］的温度。

湿度计（hygrometer）

　　一种测量大气湿度的设备。湿度计有几种类型，包括干湿球温度计（又叫"干湿表"）。它由两支温度计组成：其中一支的感应球外面包裹着一层浸透了水的湿棉芯，它的读数受到环境空气相对湿度冷却效应的影响；另一支的读数反映了"真实"气温。然后人们可以比较这两个读数，算出相对湿度。

降雨量（rainfall）　👁

　　一段给定时间内降落在地球表面上给定点的水量，通常用毫米或英寸来表达。"降雨量"这个术语在气象学领域根深蒂固，但其实更准确的描述是"降水量"，因为其中还包括雪和冰雹。

雨量计（pluviometer）

　　一种测量降雨量的设备，又叫"量雨筒"（rain gauge）。

雨量图（hyetograph）

　　描绘给定地点降水量和时间的表格或示意图。雨量图的数据可能来自一台可以连续记录的雨量计。

探空仪（sonde）

　　一种搭载在气球、卫星或火箭上的设备，可以发回气温、气压和湿度之类的数据。无线电探空仪通过无线电将数据传输到地面接收器，并在朝平流层上升的过程中发送大气各层的具体数据。

逆温（inversion）

　　随着大气层高度的上升，温度本应下降，却出现了逆转。逆温层是一层温度高于下方气层的空气。逆温并不罕见，它会发生在晴朗的夜晚和反气旋（anticyclone）中。

能见度（visibility）

　　在白天正常的日光下，在地平线上足够大的暗色物体可以被

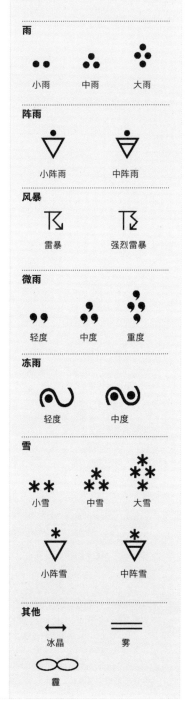

常见天气符号

除了气压、风速和天气锋面，气象图上往往会用图形标出各种降水符号。

雨
小雨　　中雨　　大雨

阵雨
小阵雨　　中阵雨

风暴
雷暴　　强烈雷暴

微雨
轻度　　中度　　重度

冻雨
轻度　　中度

雪
小雪　　中雪　　大雪
小阵雪　　中阵雪

其他
冰晶　　雾
霾

气象　**65**

看见的最大距离，或者在夜晚一束中等强度光的最大可见距离。一般而言，能见度需要围绕地平线取几个点来测量，其平均值就是该地点的能见度数值。

大气透射仪（transmissometer;能见度测量仪,transmittance meter）

一种测量能见度的设备，或者更准确地说，一种通过测量大气透射系数或消光系数来确定能见度的设备。又名遥测光度计（telephotometer）或雾度计（hazemeter）。

云底（cloud base）

在给定的云或云层中，空气中云粒子含量达到可测量水平的最低高度，又名云层基底（base of cloud cover）。云底距离地面的高度叫作云高（cloud height），从云底到云顶的垂直距离叫作云层厚度或云层深度。

云的分类（cloud types）👁

根据云的形状和出现的高度所进行的分类。1803 年，气象学家卢克·霍华德（Luke Howard）给各个类别的云起了拉丁名："cirrus"的意思是"发卷"，"stratus"的意思是"层"，而"cumulus"表示"堆"。云分为十类，每类的起始高度都是这三者之一：高云族，20 000 英尺（6000 米）以上；中云族，6500 ~ 20 000 英尺（2000 ~ 6000 米）；低云族，低于 6500 英尺（2000 米）。

1. 卷云（Cirrus）：由冰晶组成的分散的、呈纤细丝缕状的白云。

2. 卷积云（Cirrocumulus）：由冰晶和水滴组成的小云团，常常形成有规律的涟漪状结构。

3. 卷层云（Cirrostratus）：由冰晶形成的白纱般的连续云层。

4. 高层云（Altostratus）：灰 / 蓝色的厚云层，内含水滴。

5. 高积云（Altocumulus）：灰色或白色的云团，通常呈涟漪状结构。

6. 积雨云（Cumulonimbus）：垂直高耸的云，底部是黑色，有砧状白顶。

7. 积云（Cumulus）：垂直高耸、巨浪般的白色"棉花 - 羊毛"状云，底部通常是灰色的。

8. 层云（Stratus）：形状不定的灰色云层或云块，通常是由雾形成的。

9. 层积云（Stratocumulus）：成团的灰色云层或云块。

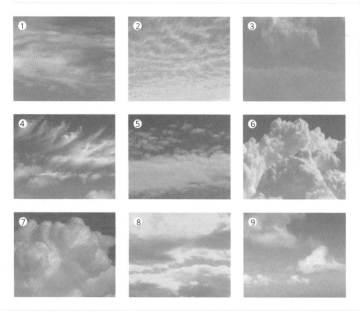

矿物和金属

条痕（streak）

物质呈粉末状时的颜色，即当使用这种物质在更硬的物质表面划过时所出现的"条痕"。在识别肉眼看起来相似的物质时常常很有用。

渗透性（permeability）

物质容许液体或气体通过的能力。这取决于该物质气孔的尺寸和黏结的紧密程度。

检定吨（assay ton，AT）

衡量矿物中贵金属含量的一种单位，等于从 1 吨矿物中提炼出的纯金属的金衡盎司（troy ounce）数。换算为公制单位时，检定吨的具体数值取决于它原本用的是长吨（英制，2240 磅）还是短吨（2000 磅）。如果是前者，那么 1AT 表示从 32.7 千克矿物中可提炼出 1 克金属，后者则表示从 29.2 千克矿物中可提炼出 1 克金属。

矿石品位（ore grade）👁

矿物中所含目标金属（可能是多种）的百分比，通常标示为常见金属总重量的百分比，也可能是千分比或百万分比。贵金属和其他低浓度金属（如铀）通常以"克每吨"的单位来表示。

截止品位（cut-off grade）

其金属含量值得提取的最低的矿石品位。截止品位是一个衡量矿脉是否值得开采的经济性指标。不同矿物的截止品位差别很大——铁矿石有经济价值的截止品位是 55% ~ 60%，而在露天矿场中，品位低于 1 克每吨的金矿仍值得开采。

各种金属在地壳中的平均丰度和截止品位。

	元素	平均丰度（$\times 10^{-6}$）	截止品位（$\times 10^{-6}$）	倍数
	金	0.004	0.5	125
	钼	2	500	250
	锡	2	500	250
	铅	12	15 000	1250
	铜	55	5500	100
	锌	70	5000	700

痕量（trace）

极低的矿物浓度，有时被定义为任何浓度小于百万分之一的物质。这个术语有时候是指首要的目标物质（如贵金属），但也可以用于描述矿脉中方便（或不方便）去除的杂质。

储量（reserves）

特定矿场或**矿脉**中矿石、化石燃料或其他有价值物质的含量。通常指的是整个矿场里有多少吨（或桶，诸如此类）高于**截止品位**的矿石。对于金属，它有时候指的是高于特定平均品位的矿石吨数。矿业和石油公司还会公布它们的总储量，即该公司名下所有矿场储量的总和。

筛号（sieve number）

衡量网状筛孔尺寸的一种单位，筛号决定了能漏过筛子的最大微粒尺寸。筛号用每单位距离内孔的数量来表示。

板材尺寸（slate sizes）👁

屋顶板有多种标准尺寸，和其他很多传统材料一样，除了只标尺寸的现代方法，屋顶板的各种尺寸都有惯用的名称。"宽"板比标准板宽 2 英寸，"小"板则短了 2 英寸。因此，一张公爵夫人宽板的尺寸是 24 英寸 ×14 英寸，一张夫人小板则是 14 英

寸 ×8 英寸。

φ 粒度 （phi scale）

一种基于平均直径表示微粒尺寸的标度，主要用于衡量沉渣、沙子和其他小物体。0φ 的物品直径（大约）是 1 毫米；φ 粒度每提升 1 级，其直径就缩小一半（所以 2φ 的物体直径是 0.25 毫米）。较大的物体 φ 粒度为负——直径 1 英寸的物体大约是 −4.7φ。

ASTM 粒度指数 （ASTM grain size index）

衡量组成金属或其他物质内部结构的"颗粒"（或晶体）尺寸的一种指标。若粒度指数为 N，则放大 100 倍后观察到的每平方英寸的颗粒数量是 $2^{(N-1)}$。（所以 1 粒度指数下每平方英寸 1 个颗粒，粒度指数为 2 则是 2 个颗粒，为 3 则是 4 个颗粒，以此类推。）

金属疲劳 （metal fatigue）

如果金属物体持续受到低于其抗拉强度的反复作用的力，则它的强度会逐渐降低，最终断裂，这个过程就是金属疲劳。持续变化的压力会慢慢改变材料的内部结构，在压力集中的点形成裂缝，然后慢慢延伸，直至它到达**格里菲思临界裂纹长度**，最终彻底断裂。

屋顶板的标准长、宽尺寸如下，单位为英寸：

公爵夫人	24×12
女侯爵	22×11
女伯爵	20×10
女子爵	18×9
夫人	16×8
顶	14×10
双	12×6

多年来人们一直在说要废除屋顶板的传统名称，但在很多售卖传统板材的公司网页上，仍能看到这些名字。

φ粒度 *	尺寸	温特沃斯尺寸分级	沉渣 / 岩石名称
−8	256 毫米	砾	沉积物：碎石
		鹅卵石	
−6	64 毫米	小圆石	岩石：砾状岩
−2	4 毫米	细砾	（砾岩、角砾岩）
−1	2 毫米		
		极粗砂	沉积物：砂
0	1 毫米	粗砂	
1	1/2 毫米	中砂	
2	1/4 毫米	细砂	岩石：砂岩
3	1/8 毫米	极细砂	（砾岩、角砾岩）
4	1/16 毫米	粉砂	沉积物：泥
8	1/256 毫米	陶土	岩石：泥屑岩（泥状岩）

* 乌登 - 温特沃斯粒度（Udden–Wentworth scale）

疲劳极限（fatigue limit）

材料在受到重复应力作用下，无论这种应力被重复多少次，都不会发生疲劳损伤的最小应力值。很多材料（如铝）没有疲劳极限，哪怕压力很小，反复作用的载荷最终也会让它受到损伤，应力的大小只会影响这种材料能承受的疲劳循环次数。疲劳强度是一个与此相关但不一样的量度，它指的是材料在该强度下至少能承受特定循环次数的应力。

延展性（ductility）

综合衡量一种材料被拉成线、棒、板状的难度及其承受拉伸能力的量度。

韧性（malleability）

衡量一种材料是否容易被锻打成型的量度，以及它能承受多少这类的成型加工。

开（karat，kt），克拉（carat，ct.）👁

衡量黄金纯度的一种量度，根据金重比例平均分成24份。因此24开的黄金是纯金（尽可能纯），18开黄金的含金量是75%，以此类推。"白"金和玫瑰金的纯度永远不会超过18开，因为它们的颜色来自引入的杂质（玫瑰金掺入了铜，而白金掺的

英国和法国至少从14世纪就开始使用金银纯度标记了。现代英国使用的纯度标记是一顶皇冠加相应的纯度数字——1975年之前黄金标记的是以开为单位的纯度。围绕数字的"盾"形代表黄金。"狮子"代表纯度92.5%的银，"豹头"则是代表这块金属的纯度经过检验的几种标记之一。其他国家用的系统不一样（美国完全没有官方系统），通常比这复杂得多。用于贸易和运输的银锭通常是"千足银"，也就是纯度为999的银。

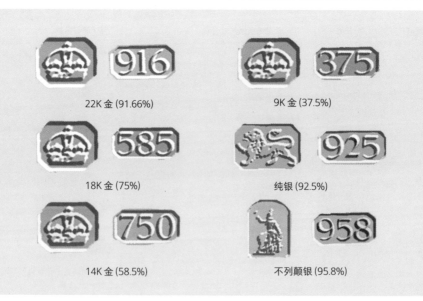

22K金 (91.66%)

9K金 (37.5%)

18K金 (75%)

纯银 (92.5%)

14K金 (58.5%)

不列颠银 (95.8%)

是镍和铂）。虽然开（金属纯度）和克拉（一种衡量宝石的质量单位）根源相同，但在美国的用法不太一样，而这两个单位在很多地方是通用的；在英国，这两种场合通用的单位是克拉；德国则写作"Karat"。作为一个质量单位，1907 年，1 克拉（又名公制克拉）的值被正式规定为 200 毫克。

纯度（fineness）

衡量贵金属纯净度的一种量度，等于千分之一。表达为 1 ~ 1000 的一个数字，因此 18K 金的纯度是 750。

银的成色（silver grades）

现有的表示银的纯度的各式名称。"货币银"（coin silver）的纯度是 90%（另外 10% 通常是铜），各国用这种银铸造纪念币。"墨西哥银"（Mexican silver）通常是 95% 的银加 5% 的铜。珠宝和装饰品（还有很多国家的纪念币）最常用的两种成色是"纯银"（sterling silver，92.5%）和"不列颠银"（Britannia silver，95.8%）。

厚度（gauge）

衡量金属板材或线材厚度的一种计量单位。英国和美国传统上用英寸来度量厚度，数字越大，材料就越厚。这套系统里没有负数，厚度规格超过 1 的板材标记为 0，下一级标为 00 或 2/0，再下一级是 000 或 3/0，以此类推。但英寸和厚度之间并没有固定的数字换算标准。线材厚度的公制单位比这简单得多，直接用毫米数乘以 10 就能得出厚度数字，因此，线越粗，厚度就越大。

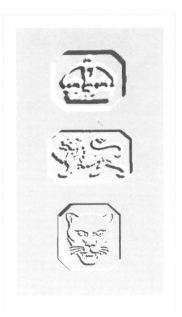

时间和历法

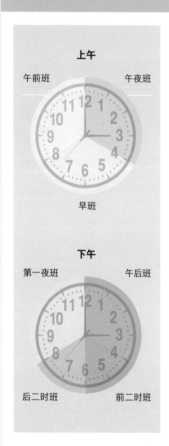

上午

午前班　　　　午夜班

11 12 1
10　　　2
9　　　　3
8　　　　4
7　6　5

早班

下午

第一夜班　　　　午后班

11 12 1
10　　　2
9　　　　3
8　　　　4
7　6　5

后二时班　　　　前二时班

在钟表学中，术语 "ship's bell"（船钟）指的是根据类似于船上使用的系统来敲响的时钟。船上的钟每 4 个小时为一个值班时段，每个时段最多敲响 8 次。

普朗克时间（Planck time）

一个非常小的时间单位——可能是现有物理定律下的最短的时间单位。它定义为一个光子以光速行进 1 **普朗克长度**所花费的时间，约等于 1.351×10^{-43} 秒。

秒（second, s, sec）

国际公制系统的基本时间单位。最初定义为一个平均太阳日的 1/86 400，之后修正为特指 1900 年 1 月 1 日这个平均太阳日的 1/86 400。1967 年，国际公认的 1 秒被定义为：铯 –133 原子基态的两个超精细能级之间的跃迁产生的辐射，该辐射循环 9 192 631 770 次所经历的时间正好等于 1 秒。根据秒可以推出其他时间单位，例如分和时。

分（minute, min）

一个时间单位，1 分等于 60 秒。在秒被规定为国际公制系统的基本时间单位之前，分被定义为 1 小时的 1/60，或 1 天的 1/1440。**恒星日**就是以这种形式划分的。

钟（bell, 船用时间单位） 👁

一种时间单位，特指船上值班时间的划分：每 4 个小时被分成 8 个钟，每个钟 30 分钟。在海上，每隔半小时就会敲一次钟，以标记值班时段，从这个时段开始过去了几个钟就敲几次。

时（hour, h, hr）

一种时间单位，等于 3600 秒，或 60 分。在秒被规定为国际公制系统的基本时间单位之前，笼统说来，人们认为 1 小时等于 1 天的 1/24，事实上，1 **恒星时**等于 1 恒星日的 1/24。1 天有 24 小时的观念源自古代将白天划为 12 等份，（所以夏天的 1 小时比冬天的长!）所以夜晚也被分成 12 份。随着机械钟的问世，显而易见的下一步是将 1 天分成相等的 24 个小时。

天（day，d，da）

一种时间单位，传统上定义为地球绕轴相对于太阳自转一圈所花费的时间；在日常使用中，1 天等于 24 小时。但这个定义实际上没有看上去那么精确，人们已经提出了更特指的"天"。对天文学家来说，地球相对于遥远恒星自转一圈所花费的时间是 23 小时 56 分 4.090 54 秒（对地球上的我们来说，1 天明显要多出来大约 3 分 56 秒，这只是因为我们还在绕太阳公转），他们将这段时间称为"**恒星日**"。但在地球上，1 天的时间取决于我们相对于太阳的运动，民用时间也以此为标准，这和恒星日不太一样；连续两次正午（太阳越过子午线）之间平均间隔的时间被称为平均太阳日。目前我们对秒的定义与行星的运动无关，所以 86 400 秒（60 × 60 × 24）组成的 1 天不是通过平均太阳日算出来的——尤其是考虑到，平均太阳日的长度会非常缓慢地一天天变长——要弥补二者之间的差距，有时候需要引入闰秒。

周（week）

一种时间单位，1 周等于 7 天。虽然这个单位和由 365 天组成的一年不太契合，但也被人们用了几千年，很可能是出于宗教和占星方面的原因。

阴历月（lunar month）

月亮连续两次经过冲位或合位所花费的时间，比如，连续两次新月之间间隔的时间。它更确切的名字是"朔望月"，偶尔也叫"太阴月"。1 阴历月等于 29.530 59 天。

日历月（calendar month）　👁

根据特定日历划分一年的方式，最常用的是**公历**。因为公历将 1 年分成了不等长的 12 份，所以 1 个日历月的长度从 28 天到 31 天不等。其他日历，例如犹太历和中国农历，它们每个月和每年的天数都和公历不一样，而伊斯兰历用的是阴历月。

学期（三学期制，trimester）

一种时间单位，1 学期等于 1/4 年，又称一个季度。在医学

犹太历的月 （天数）	公历的月 （天数）	伊斯兰历的月 （天数）	印度阴历的月 （天数）
提斯利月 30 天	1 月 31 天	穆哈兰姆月 30 天	双鱼月 30 天
马西班月 29 或 30 天	2 月 28 或 29 天	色法尔月 29 天	白羊月 31 天
基斯流月 29 或 30 天	3 月 31 天	赖比尔·敖外鲁月 30 天	金牛月 31 天
提别月 29 天	4 月 30 天	赖比尔·阿色尼月 29 天	双子月 31 天
细罢特月 30 天	5 月 31 天	主马达·敖外鲁月 30 天	巨蟹月 31 天
亚达月 29 或 30 天	6 月 30 天	主马达·阿色尼月 29 天	狮子月 31 天
尼散月 30 天	7 月 31 天	赖哲卜月 30 天	处女月 30 天
以珥月 29 天	8 月 31 天	舍尔邦月 29 天	天秤月 30 天
西弯月 30 天	9 月 30 天	赖买丹月 30 天	天蝎月 30 天
搭模斯月 29 天	10 月 31 天	闪瓦鲁月 29 天	射手月 30 天
埃波月 30 天	11 月 30 天	都尔喀尔德月 30 天	摩羯月 30 天
以禄月 29 天	12 月 31 天	都尔黑哲月 29 或 30 天	水瓶月 30 天

犹太历、公历、伊斯兰历和印度阴历对比。今天全世界使用的所有主要历法都有某种形式的闰日/闰月，以补偿 1 回归年的 365.242 199 天带来的尴尬。

中，"trimester" 翻译为"妊娠期"，指的是人类的妊娠周期分为 3 个阶段，每个阶段各 14 周；而在中学或大学里，它指的是长约 14 周的一个学期。这个词源自拉丁语，意思是"3 个月"。

半学年（semester）

一种时间单位，1 个半学年等于半年，或 6 个月。这个术语主要用于中学或大学，意思是半个学年，因此其时长可能从 15 周到 21 周不等。

平年（common year）

犹太历里的一年，可能从 353 天到 385 天不等，具体取决于是否有闰日，以及是否有第 13 个名叫 "Ve-Adar" 的闰月（29 天）。

恒星年（sidereal year）

一种天文时间单位，指的是太阳相对于遥远恒星回归到完全相同的位置所花费的时间。恒星时间通过地球相对于遥远恒星的运动确定，而民用时间衡量的是地球相对于太阳的运动；每个恒星年地球会自转约 366.242 圈，所以，尽管恒星日比平均太阳日短，恒星年却比回归年长，1 恒星年等于 365.256 36 天。

年（year，a，y，yr）

通常是指由 365 天或 366 天组成的一个时间周期，大致等于地球绕太阳公转一圈的时间。更精确的定义是**回归年**（或**太阳年**）。因为地球绕太阳公转一圈实际上需要大约 365.242 天，所以取整数天的日历很快就会和实际情况发生极大的偏差。因此，**儒略历**引入了每年 365 天，每 4 年 1 个闰年的概念，后来的**公历**又对此做出了进一步的修正。在其他文化的日历中，1 年的长度可能从 350 天到 385 天不等。

回归年（tropical year；太阳年，solar year）

地球绕太阳完整公转一圈所花费的确切时间。1 回归年等于 31 556 925.974 7 秒，或大约 365.242 199 天。

闰年（leap year）

公历中额外加了一个闰日的一年，以弥补回归年的余数，所以一个闰年有 365 天。公历中通常每 4 年有 1 个闰年，除了能被 100 整除的年份，能被 400 整除的年份仍是闰年。其他文化的历法里也有包含闰日或闰月的闰年，例如犹太历、伊斯兰历和中国农历。

印度太阳（黄道十二宫）历。黄道十二宫的占星学符号起源于美索不达米亚，但很快传遍了欧洲和亚洲。占星学的 1 年分成 12 个月，每个月都有自己的占星学标志，对应的是太阳出现在哪个星座的方向。

1 白羊月 Maysha (Aries)
2 金牛月 Vrushabha (Taurus)
3 双子月 Mithuna (Gemini)
4 巨蟹月 Karka (Cancer)
5 狮子月 Simha (Leo)
6 处女月 Kanya (Virgo)
7 天秤月 Tula (Libra)
8 天蝎月 Vrushchika (Scorpio)
9 射手月 Dhanu (Saggitarius)
10 摩羯月 Makar (Capricorn)
11 水瓶月 Kumbha (Aquarius)
12 双鱼月 Meena (Pisces)

十年（decade）

由 10 年组成的一段时间。法国共和历中也用"decade"这个术语来指代由 10 天组成的一个周期，通过这种方式可将日历转换为十进制。

代（generation）

一个粗略的时间单位，指的是父母和孩子出生间隔的时间。在不同文化、不同地点和不同的历史时期，一代的时间可能从 20 年到 35 年不等。

世纪（century）

由 100 年组成的一段时间。由于纪年中没有 0 年，所以世纪的划分有点让人迷惑：公元 1 世纪指的是公元 1 年到 100 年，2 世纪是公元 101 年到 200 年，以此类推。所以，人们公认，20 世纪是 1901 年到 2000 年，因此 2001 年是 21 世纪的第一年。但这也无法阻止全世界的人们都在 2000 年 1 月 1 日的 00:00 庆祝新千年的到来。

千年（millennium）

由 1000 年组成的一段时间。目前我们处于公元后的第三个千年，但这个千年的起点仍有争议（见"**世纪**"）。

中国农历基于阴历年，以 60 年为周期循环。一个中国农历年有 12 个月，每个月 29 天或 30 天（闰年有一个闰月）。每个年份以动物为名，目前这个周期从 2020 年开始，那一年是鼠年，到 2031 年的猪年结束。

鼠　　　牛　　　虎　　　兔

龙　　　蛇　　　马　　　羊

猴　　　鸡　　　狗　　　猪

春秋分（equinox）

一年中昼夜等长的时候。特指太阳一年两次越过天赤道的时间点。春秋分分别出现在 3 月 21 日（北半球的春分日和南半球的秋分日）和 9 月 23 日（北半球的秋分日和南半球的春分日）前后。在天文学中，这个术语用于定义太阳与天赤道的交点，春分点是太阳由南向北越过天赤道的点，秋分点则是由北向南的越经点。

至（solstice）

太阳一年两次离赤道最远（在赤道以北或以南）的时刻。在北半球，太阳在赤道以北最远的时候是一年中最长的一天，在赤道以南最远的时候则是最短的一天；南半球则相反。

季度结算日（quarter day）

主要出于财务方面的原因，例如给付租金或利息，人们将一年分成四份，这四个分隔日就是季度结算日。英国传统上的结算日是报喜节（3 月 25 日）、仲夏节（6 月 24 日）、米迦勒节（9 月 29 日）和圣诞日（12 月 25 日）。

格林尼治标准时间（Greenwich Mean Time，GMT）

0 经度上的标准时间。1800 年，英国采用格林尼治标准时间作为官方的标准时间，这个名字来自伦敦的皇家格林尼治天文台。后来它成了全球时区的基准，但目前已被世界时（Universal Time，UT）取代，后者也是根据 0 经度上的时间算出来的。协调世界时（Co-ordinated Universal Time，UTC）对这套系统做出了进一步的修正，它利用国际原子时（international atomic time，TAI）非常精确地确定时间，以国标秒为单位，并用闰秒来补偿地球不规律的自转所造成的偏差。

时区（time zone）👁

将全世界分成 24 个区域，每个区域都有自己的标准时间。时区本质上以经度来划分，每 15° 为一个时区，其中 12 个位于本初子午线（0° 经线）东侧，12 个位于西侧，只是在国界线上有一些弯曲。东侧的时区比世界时早，以正数来表示，例如中欧时间（CET）是 +01（东一）时区；西侧的时区比世界时晚，以负数来表示，例如美国太平洋标准时间（PST）是 −08（西八）

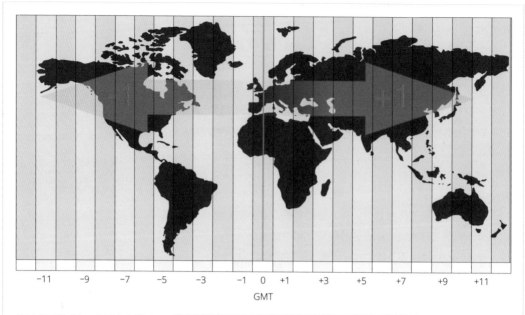

-11   -9   -7   -5   -3   -1 0 +1   +3   +5   +7   +9   +11

GMT

为了尽可能减少一个国家内的时区数量，时区的分界并不严格遵循经线。有的国家尽管跨越几个时区，但只有一个标准时间，比如中国；有的国家会在不同区域使用不同的当地时间。

时区。国际日期变更线基本沿着180°经线，这也是东西时区的交界。向东越过这条线你就会后退一天，向西越过则前进一天。

纪元（era）

在讨论历法的时候，纪元指的是使用特定历法的一段时期。任何历法纪元开始的那一年被称为"元年"。在日常公历语境中，我们现在用的是公元纪年（common era，CE），它曾经被称为"耶稣纪元"（Anno Domini，AD）。公元 1 年（元年）之前的时期被称为"公元前"（BCE），它曾被称为"耶稣纪元前"（before Christ，BC）。其他文化的历法有不同的元年。比如，犹太历从公元前 3761 年开始，人们认为世界是在那一年被创造出来的，这种纪元名叫"创世纪元"（anno mundi，AM）；而伊斯兰历的纪元是从穆罕默德从麦加迁徙到麦地那的那一年（公元 622 年）开始计算的，人们称之为"伊斯兰教纪元"（anno hegirae，AH）。

儒略历（Julian calendar）

编制于罗马皇帝尤利乌斯·恺撒（Julius Caesar）统治时期的历法，以他为名。儒略历的基础年有 365 天，每四年有一年是 366 天的闰年，因此一个儒略年正好是 365.25 天。这样的精准度足以让它从公元前 46 年一直沿用到了公元 1582 年，到那时候，每年约 11 分钟的误差已经累积到了让人无法接受的程度，于是人们改用了更精准的公历。

公历（Gregorian calendar） 👁

人们从公元 1582 年开始用于取代儒略历的历法，这个名字来自教宗格列高利十三世，这套历法就是他颁布的。因为一年实际上大约是 365.242 天，所以一年 365.25 天的儒略历逐渐和季节对不上号了，人们需要一套新的历法系统。教宗格列高利宣布，将 1582 年减去 10 天，以弥补这个误差，为避免未来再出现同样的偏差，能被 100 整除的年份就不应是闰年，除非这一年也能被 400 整除，所以每 400 年一共是 146 097 天，由此有效地将公历年定义为 365.242 5 天——几乎能满足绝大部分实际用途。

哈布历（haab）

玛雅人的民用历法。一年被分为 18 个时期，称为"乌纳尔"（uinal），每个乌纳尔是 20 天，再加上被称为"无名日"（uayeb）的额外 5 天，一年总共是 365 天。

长纪历（long count） 👁

玛雅人用于定义历史日期的历法，表示从玛雅纪元开始那天（可能是公元前 3114 年 9 月 6 日）所经过的天数。长纪历的基本

犹太历以 19 年为一个循环周期，一年的长度有 6 种：普通的年份有 353、354 或 355 天，闰年是 383、384 或 385 天。犹太新年（哈桑那节，Rosh Hashanah）发生在公历的 9 月 5 日到 10 月 5 日。伊斯兰历基于阴历，以 30 年为一个循环周期；闰年出现在每个周期的第 2、5、10、13、16、18、21、24、26 和 29 年。

犹太历、公历和伊斯兰历的纪年对应

犹太年（A.M.）	公历年（C.E.）	伊斯兰年（A.H.）
5761 A.M.	2000-2001 C.E.	1421 A.H.
5762 A.M.	2001-2002 C.E.	1422 A.H.
5763 A.M.	2002-2003 C.E.	1423 A.H.
5764 A.M.	2003-2004 C.E.	1424 A.H.
5765 A.M.	2004-2005 C.E.	1425 A.H.
5766 A.M.	2005-2006 C.E.	1426 A.H.

单位是"金"（kin，天），书面记录的其他时间单位都是 20 天或
18 天的倍数。

古埃及历（ancient Egyptian calendar）

古埃及人使用的一种历法，基础是每年 12 个月，每个月 30 天，再加上额外的 5 天。尽管人们曾试图引入闰年，但这种以 365 天为一年的历法仍沿用至大约公元前 25 年。独特的是，古埃及历不是基于太阳历或月亮历，而是基于几乎同时出现的天狼星升起和尼罗河一年一度的泛滥，后者对当地农业非常重要。不过，由于古埃及历和回归年的偏差越来越大，很快它就失去了标记季节的实际用途。

玛雅人使用的长纪历由 5 个部分组成。更长的时期，例如卡拉布吞（calabtun）、金齐尔吞（kinchiltun）和阿劳吞（alautun）也会被用到，但不会记入长纪历的数字里。

长纪历的时间单位

1 金		1 天	
1 乌纳尔	20 金	20 天	
1 吞（tun）	18 乌纳尔	360 天	约 1 年
1 卡吞（katun）	20 吞	7200 天	约 20 年
1 巴克吞（baktun）	20 卡吞	144 000 天	约 394 年
1 皮克吞（pictun）	20 巴克吞		约 7885 年

注：阅读长纪历日期时，五个部分（用点隔开）分别是金、乌纳尔、吞、卡吞和巴克吞，所以同样的日期大约每隔 394 年就会重复一次，比如：13.7.18.4.1。

生物

家畜单位（livestock unit，LU）

不同国家对家畜单位（LU）的定义各异，甚至在同一个国家内的不同地区都有差异。不过人们大体公认，1 种大型动物，比如一头牛或者一匹马，等于 1LU。

奶牛 – 牛犊单位（cow-calf unit）

在家畜单位系统下，在牛犊断奶之前，一头奶牛和它的牛犊被视为一个单位，人们称之为"奶牛 – 牛犊单位"。这样一对母子通常等于 1LU，但在某些定义下，它们被算作 1.2LU。

妊娠期（gestation period）👁

胎生哺乳动物（能生下在子宫内发育的活的后代的动物）从受孕到分娩花费的总时间。不同物种的妊娠期差距很大。例如，人类的妊娠期大约是 266 天，老鼠的是 21 天，猫需要 63 天，而大象需要 624 天。

农场动物的妊娠期。大体说来，动物的体形越小，妊娠期就越短。

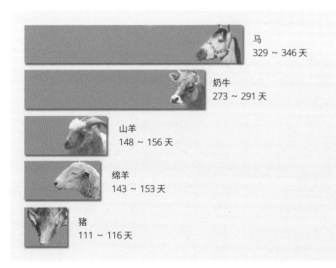

马
329 ~ 346 天

奶牛
273 ~ 291 天

山羊
148 ~ 156 天

绵羊
143 ~ 153 天

猪
111 ~ 116 天

孵化期（incubation period）

一枚卵破壳所需的时间，孵化所需的温度要么来自动物妈妈，要么来自孵化器。孵化期的时间取决于产卵季节。在医药学中，"incubation period"这个术语也代表从暴露感染到出现第一个疾病信号或症状的时间（潜伏期）。

染色体数目（chromosome number）

染色体是细胞核内的一种丝状物体，它以基因的形式携带核蛋白质，能够传递遗传特征。染色体数目指的是生命体每个体细胞所包含的染色体数量，每个物种的染色体数目恒定不变。（生殖细胞包含的染色体数量是这个数的一半。）人类的体细胞中有23对染色体，每对染色体中的两条单体分别来自父亲和母亲，所以人类的染色体数目是46条。

基因密度（gene density）

连锁图上单位长度内的基因点位（位置）数量。遗传连锁图以图谱的形式呈现一条染色体上的基因顺序，它取决于两个标记（或特征）从亲代传递给子代的概率。染色体之间的基因重组可能改变遗传特征的这种模式。

等位基因（allele）

等位基因是指同一条染色体上某一特定位置（位点）可能出现的多种形式中的任意一种。这些基因控制着生命体的某些特征，但不同的等位基因会产生这些特征的不同形式，比如，让一朵花的花瓣呈现出不同的颜色。

厘摩（centiMorgan）

1厘摩（或1图距单位，map unit）指的是两个重组概率为1%的基因之间的距离。美国遗传学家托马斯·H.摩尔根（Thomas H. Morgan）和他实验室的成员首次观察到了基因线性排列在染色体上，只要这条染色体保持不变，同一条染色体上的基因就会作为一个整体的单位遗传给后代。以这种方式遗传的基因被称为"关联基因"。摩尔根和他的同事发现，这样的关联常常会断裂，由此出现染色体之间的基因重组。隔得越远的基因越容易发生重组。

生物多样性（biodiversity）

存在于特定自然环境中的种类多样的动植物生命体。如果无法保持一个地区的生物多样性，就会给自然平衡带来严重的问题，导致某些物种灭绝。栖息地丧失，包括滥伐森林、污染、湿地干涸，以及入侵物种的竞争都可能破坏生物多样性。耕作方式也会影响一个地区的生物多样性，可能使其维持原状，也可能提高或降低生物多样性。

物种分类（species classification）　👁

物种可以定义为一群血缘关系相近、能交配生出有繁殖能力后代的动物。18 世纪，卡尔·林奈（Carl Linnaeus）设计了一套给物种分类的方法。每个物种有两个拉丁名，第一个是属名，或者说物种群的名称，第二个是该物种本身的名字。现在，每个物种被进一步归类到了不同的科、目、纲、门和界。

IUCN 濒危风险等级（IUCN Extinction risk categories）

国际自然保护联盟（International Union for the Conservation of Nature and Natural Resources，IUCN）的濒危物种"红色名录"分为 8 个等级：灭绝（Extinct）、野外灭绝（Extinct in the Wild）、

林奈设计的物种分类系统已经得到了扩展。这张表格列出了蓝鲸的分类。

分类举例	蓝鲸	解释
界	动物界	鲸类属于动物界，因为它们有大量细胞，能消化食物，而且是从"囊胚"发育而来的（囊胚又是从受精卵发育而来的）。
门	脊索动物门	脊索动物门的动物拥有脊髓和鳃囊。
纲	哺乳纲	鲸和其他哺乳动物是温血动物，拥有能够分泌乳汁养活后代的腺体，心脏分为四个腔。
目	鲸目	鲸目是指完全生活在水中的哺乳动物。
亚目	须鲸亚目	须鲸亚目的鲸拥有鲸须板，但没有牙。
科	露脊鲸科	露脊鲸科的鲸的喉咙里有一圈褶子，这让它们能憋住大量水（食物就在水里）。
属	须鲸属	同一个属的物种的亲缘关系比同科其他属的物种更近。
种	蓝鲸	物种指的是一群能交配并繁衍后代的个体。"musculus"就指蓝鲸这个物种。

极危(Critically Endangered)、濒危(Endangered)、易危(Vulnerable)、低危(Lower Risk)、数据缺乏(Data Deficient)以及未予评估（Not Evaluated）。其中极危、濒危和易危的物种被归为"受威胁"物种。

人口密度（population density）👁

给定陆地区域内人口的数量，通常以每平方英里或平方千米内的人数来衡量。这个统计学数据可能相当有误导性：加拿大的总人口密度是3.4人每平方千米，但北方的广阔区域几乎无人居住，而安大略省的人口密度达到了11.7人每平方千米。

人口增长（population growth）

人口增长通常通过比较每1000人一年内的出生率和死亡率来衡量。

窝（clutch）👁

一只鸟一次产下的卵的数量，有时候也指同一窝卵里成功孵出的所有小鸟。母鸡产下的一窝蛋通常是5枚，或者更多；鸽子只有2枚。

对（brace）

一对狩猎所得的禽鸟，比如"一对野鸡"。为什么要这样配成对，其实我们也不太清楚，但有个看似合理的说法：一只鸟似乎不够吃一顿，两只差不多正好。从纯实用的角度来看，把鸟儿两两成对地绑起来，这样也便于带回家。

人口密度统计可能造成误导。和整个国家相比，城市的人群高度密集，人口密度必然更高。下表单位为人每平方千米。

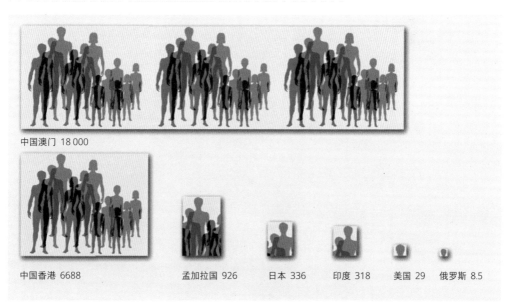

中国澳门 18 000

中国香港 6688　　　　　孟加拉国 926　　　日本 336　　　印度 318　　　美国 29　　　俄罗斯 8.5

自然科学

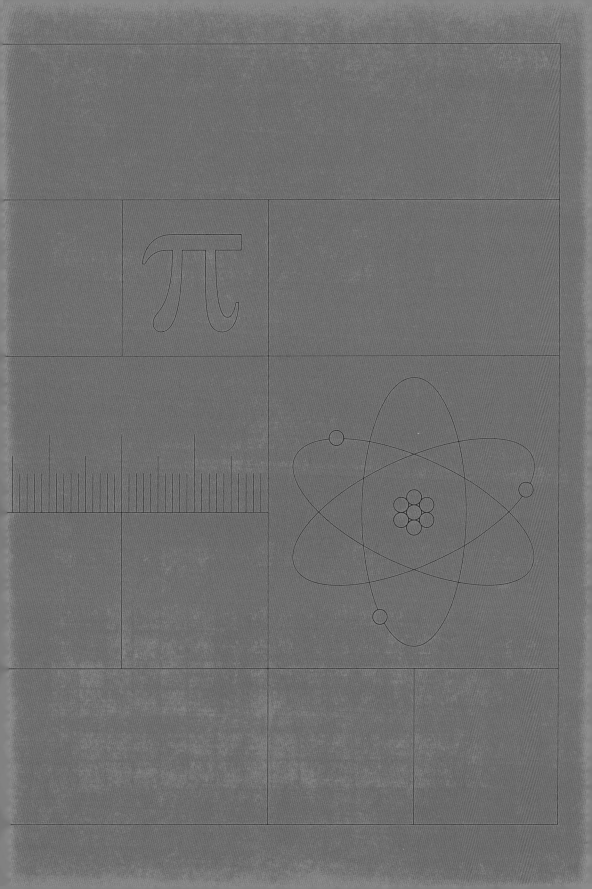

化学

元素周期表自诞生以来经过多次改良完善。这是当前正在使用的版本。

摩尔（mole；摩，mol）

国际标准计量单位。1 摩尔的物质包含的该物质粒子（通常是原子、分子或离子）数等于 12 克碳 -12 包含的原子数——约等于 6.022×10^{23}（这个常数被称为"阿伏伽德罗常数"，Avogadro's number）个。在实践中，1 摩尔原子或分子数的某物质重量等于它的原子或分子数（单位为克）。

相对分子质量（relative molecular weight；或质量，mass）

1 个分子的重量与碳 -12 原子重量的 1/12 之比，等于该分子内所有原子的原子量（**原子质量单位**）之和。比如水（H_2O）包含了 2 个氢原子（原子量为 1.008u）和 1 个氧原子（原子量 16u），所以它的相对分子重量是 18.016u。

H Hydrogen																	He Helium
Li Lithium	Be Beryllium											B Boron	C Carbon	N Nitrogen	O Oxygen	F Fluorine	Ne Neon
Na Sodium	Mg Magnesium											Al Aluminium	Si Silicon	P Phosphorus	S Sulfur	Cl Chlorine	Ar Argon
K Potassium	Ca Calcium	Sc Scandium	Ti Titanium	V Vanadium	Cr Chromium	Mn Manganese	Fe Iron	Co Cobalt	Ni Nickel	Cu Copper	Zn Zinc	Ga Gallium	Ge Germanium	As Arsenic	Se Selenium	Br Bromine	Kr Krypton
Rb Rubidium	Sr Strontium	Y Yttrium	Zr Zirconium	Nb Niobium	Mo Molybdenum	Tc Technetium	Ru Ruthenium	Rh Rhodium	Pd Palladium	Ag Silver	Cd Cadmium	In Indium	Sn Tin	Sb Antimony	Te Tellurium	I Iodine	Xe Xenon
Cs Caesium	Ba Barium	57 - 71 Lanthanoids	Hf Hafnium	Ta Tantalum	W Tungsten	Re Rhenium	Os Osmium	Ir Iridium	Pt Platinum	Au Gold	Hg Mercury	Tl Thallium	Pb Lead	Bi Bismuth	Po Polonium	At Astatine	Rn Radon
Fr Francium	Ra Radium	89 - 103 Actinoids	Rf Rutherfordium	Db Dubnium	Sg Seaborgium	Bh Bohrium	Hs Hassium	Mt Meitnerium	Ds Darmstadtium	Rg Roentgenium	Cn Copernicium	Nh Nihonium	Fl Flerovium	Mc Moscovium	Lv Livermorium	Ts Tennessine	Og Oganesson

图例：
- 碱金属
- 过渡金属
- 镧系元素
- 碱土金属
- 后过渡金属
- 铜系元素
- 类金属
- 多原子非金属
- 双原子非金属
- 惰性气体
- 化学性质未知

La Lanthanum	Ce Cerium	Pr Praseodymium	Nd Neodymium	Pm Promethium	Sm Samarium	Eu Europium	Gd Gadolinium	Tb Terbium	Dy Dysprosium	Ho Holmium	Er Erbium	Tm Thulium	Yb Ytterbium	Lu Lutetium
Ac Actinium	Th Thorium	Pa Protactinium	U Uranium	Np Neptunium	Pu Plutonium	Am Americium	Cm Curium	Bk Berkelium	Cf Californium	Es Einsteinium	Fm Fermium	Md Mendelevium	No Nobelium	Lr Lawrencium

元素周期表（periodic table）👁

一张包含所有已知元素的表格，按照**原子序数**递增的顺序排列。按照传统，元素周期表中会标出每种元素的原子序数、元素符号和相对原子质量。1869 年，德米特里·门捷列夫（Dimitri Mendeleev）按原子质量排列元素，并预测了此前未知的元素的存在，从那以后，元素周期表逐渐演变成了现在的样子。

周期（period）

元素周期表中占据单独一行的一组元素。同一行里从左到右的元素，其原子序数——原子核中包含的质子数——以 1 为间距依次增大。同一个周期的元素拥有相同的电子层数，但在同一行中从左到右，原子层中的电子数量也会以 1 为间距依次增大。元素周期表中水平方向上相邻的元素拥有相似的相对原子质量，但它们往往具有不同的性质。

族（group）

元素周期表中占据单独一列的元素。元素周期表共有 18 族，或者说 18 列，同一列中的元素往往拥有相似的性质，因为它们最外面的电子层拥有相同的电子数。比如，第 18 族包含氦、氖、氩、氪、氙、氡等惰性气体，它们都表现出相似的不活跃的性质。

同位素（isotope）👁

特定元素质子数（它决定了元素在元素周期表中的位置）相同但中子数不同的原子。比如碳 -12 拥有 6 个质子和 6 个中子，而碳 -14 有 6 个质子和 8 个中子。这样的区别会让给定元素的同位素表现出不同程度的核稳定性，并让某些同位素——人们称之为"放射性同位素"——很容易发生核衰变。

同素异形体（allotrope）

一种元素可能呈现的不同物理形态之一。氧的同素异形体包括由一对氧原子组成的 O_2 和由 3 个氧原子组成的 O_3（臭氧）。碳的同素异形体包括钻石（一种三维晶体，其中每个碳原子都和 4 个相邻原子相连）和石墨（层状结构，同一层内的每个原子都和 3 个相邻原子紧密相连）。

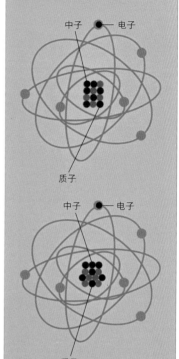

碳 -12 同位素（上）拥有 6 个质子和 6 个中子。碳 -14 同位素（下）有相同的质子数，这意味着它依然是碳，但中子数是 8。

中子 —— 电子

质子

中子 —— 电子

质子

石蕊试纸接触到溶液就会变成对应的颜色，由此表明该溶液的 pH 值。

| pH 0 |
| pH 1 |
| pH 2 |
| pH 3 |
| pH 4 |
| pH 5 |
| pH 6 |
| pH 7 |
| pH 8 |
| pH 9 |
| pH 10 |
| pH 11 |
| pH 12 |
| pH 13 |
| pH 14 |

pH 0	电池用酸
pH 1	硫酸
pH 2	柠檬汁、醋
pH 3	橙汁、苏打水
pH 4	酸雨（4.2～4.4）、酸湖（4.5）
pH 5	香蕉（5.0～5.3）、干净的雨（5.6）
pH 6	健康湖泊（6.5）、牛奶（6.5～6.8）
pH 7	纯水
pH 8	海水、蛋
pH 9	小苏打
pH 10	镁乳
pH 11	氨
pH 12	肥皂水
pH 13	消毒剂
pH 14	下水道清洁液

价（valency）

衡量一种元素与其他元素（尤其是氢原子）结合形成化合物能力的量度。一种元素的价等于它的电子层中剩余的空位数量。所以，氧的价是 2，因为它需要 2 个电子来填满最靠外的电子层。

键能（bond energy）

一个化学键形成时释放出的能量的量，等于打破这个键所需的能量。

偶极矩（dipole moment）

衡量分子内电荷分离程度的物理量。虽然一个分子整体上可能是电中性的，但这种误差可能允许磁铁或电流对这个分子施加扭矩。

电负性（electronegativity）

衡量一个原子吸引电子，从而形成共价键（共价键上的电子由多个电负性原子共享）的倾向性的物理量。元素周期表右上方的元素往往拥有更高的电负性。电负性最强的元素是氟，最弱的是钫。

酸碱度（pH）　👁

衡量溶液酸性或碱性程度的指标，具体取决于溶液中氢离子的浓度。pH 代表 "氢电位"（potentiality of hydrogen），它等于 $-\log_{10}C$（对数），其中 C 是氢的浓度，单位是摩每升。pH 值等于 7 意味着这种溶液是中性的。pH 值越高，碱性越强；pH 值越低，酸性越强。

辛烷值（octane number）

衡量汽油抗爆性的指标，高辛烷值的汽油具有更好的抗爆性；异辛烷的辛烷值是 100。

开特（katal，kat）

衡量催化能力的国际标准单位。催化剂能加快化学反应的速率，但它自身不会发生化学变化。如果一种催化剂能让一种反应达到 1 摩每秒的速度，那它的活性就是 1 开特。

反应性（reactivity）

元素或其他物质倾向于发生化学反应的速率。物质的反应性基

$$2NO_2(g) \rightleftharpoons N_2O_4(g)$$

本上取决于它的原子或分子结构，但也可以通过改变它的物理性质来提高或降低其反应性，比如将一种物质研磨成粉可能提高它的反应性。

可逆性（reversibility）👁

反应物进行反向的反应，重新生成原始反应物的能力。密闭空间中的可逆反应最终会达到平衡，此时反应物和生成物的量不会再变化。

自由度（degrees of freedom）

独立粒子可能运动的任何方式。一个粒子的每个自由度包含的平均热量相同，都等于温度乘以玻尔兹曼常数（Boltzmann constant）。量子力学中的海森伯不确定性原理宣称，任何自由度的能量永远都不可能等于零。

缓冲溶液（buffer solution）

即使加入少量酸碱仍能维持自身 pH 值不变的溶液。缓冲溶液通常由一种弱酸及其共轭碱的盐类组成，酸和盐会发生反应，达成平衡，从而维持溶液的 pH 值。血浆中就存在一种由碳酸和碳酸氢盐组成的缓冲溶液，所以它的 pH 值才能维持在 7.4 左右。

摩尔浓度（molarity，M）

衡量浓度的一种量度。摩尔浓度是一种物质在溶液中的占比，

这个公式描述了二氧化氮和四氧化二氮之间可逆的化学反应。"（g）"代表"气体"；很多反应在某些状态下可逆，但在其他状态下不行。

定义为摩每升。

质量摩尔浓度（molality，m）

　　衡量浓度的一种量度。和摩尔浓度一样，质量摩尔浓度也是一种物质在溶液中的占比，但它的定义是摩每千克。

渗透压（osmotic pressure）　👁

　　想要阻止物质穿过一层半渗透膜，每单位面积所需的力。如果施加于低浓度区域的压力大于高浓度区域，渗透过程会减缓，最终停止。

扩散率（rate of diffusion）

　　粒子自发的自然扩散，比如烟在空气中扩散，或者一滴有色液体扩散到水中——发生的速率。对人类来说，渗透是一种重要的扩散形式，因为水正是通过这种过程进入人体的。

扩散梯度（diffusion gradient）

　　给定方向上的任意扩散量。如果没有扩散梯度，浓度就不会

渗透指的是这样一种过程：溶质浓度相对低的溶液，其溶剂穿过一层半渗透膜，进入溶质浓度相对高的溶液。这层膜可以容许溶剂通过，但溶质无法通过。这个过程会持续进行，直到半渗透膜两边的溶液浓度相同。

 水分子

 溶质分子

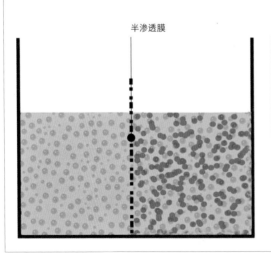

半渗透膜

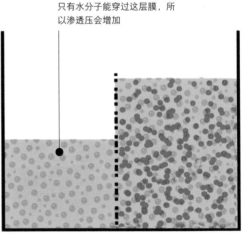

只有水分子能穿过这层膜，所以渗透压会增加

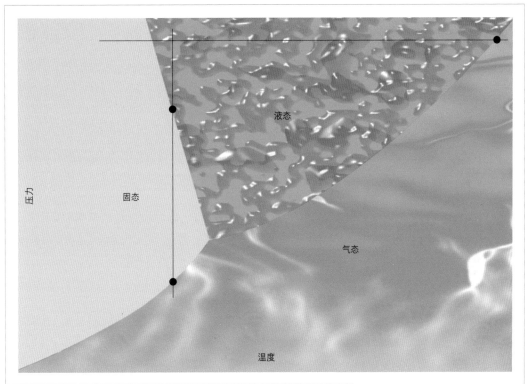

压力

固态

液态

气态

温度

这幅水的相图展现了温度和压力如何影响物质的相态。因此，利用给定物质的相图，只要知道了给定压力下的温度，你就能预测该物质的相态。水在这方面是最不寻常的，它在受到巨大压力下会从固态转变为液态。

发生明显变化。

晶格类型（lattice type）

指晶体中原子可能形成的各种排列方式。晶格类型有 14 种，其中包括面 - 心立方晶格（face-centered cubic lattice，fcc）、体 - 心立方晶格（body-centered cubic lattice，bcc）和氯化钠晶格（sodium chloride lattice，NaCl）。

晶胞（unit cell）

晶体中展现出自身整体对称性的最小的原子簇。晶胞在三个维度上重复出现，组成晶格。

相图（phase diagram） 👁

一种示意图，展现温度和压力如何共同影响物质的三种相态，或者温度和成分如何影响两种（偶尔是三种）不同物质组成的混合物。第一种相图分成三个部分，分别对应物质的三种——或更多种，如果这种物质有同素异形体的话——相态：固态、液态和气态。

电和磁

● 原子
● 自由电子

电阻取决于电子在一段导体内移动的能力。线材的直径越大，电流就越大。

电阻（resistance） 👁

材料抵抗**电流**传输的能力。如果这种材料是导体，那么电阻就是电流经过这段导体时前后两端之间的**电势差**。因此，电阻等于以**伏特**为单位的电势差除以以**安培**为单位的电流。

超导体（superconductor）

形容一种材料的术语，它在极低温下的导电性极强。金属的电阻会随温度而下降，一旦达到给定的"转变温度"（transition temperature）——通常是接近绝对零度（-273℃），某些物质的电阻就会变成零。因此，在这样的温度下，电流在这种金属里可以近乎无限地持续流动。

欧姆（ohm）

电阻单位，因德国物理学家乔治·西蒙·欧姆（Georg Simon Ohm, 1789—1854）而得名，他提出了欧姆定律：一段导体前后的**电势差**（单位为**伏特**）等于流经它的电流（**安培**）乘以电阻（**欧姆**）。

电阻率（resistivity）

又叫"固有电阻"，指一个立方单位的物质的**电阻**。它的单位通常是欧姆每立方米，同种物质在同样温度下的电阻率是恒定不变的。

电流（current）

描述电荷在导体中流动的物理量。在固体（通常是金属）中，电的传递者是电子。电子实际上会从负极流向正极，但出于历史原因，常规电路图中的电流总是从正极流向负极。电流的单位是安培。它与电强度和**电势差**有关：1 安培的稳定电流经过一段两端电势差为 1 伏的电路，每秒消耗 1 瓦的能量。

直流电（direct current，DC）

只朝一个方向流动的电流。通常只用于靠电池驱动的低压设备。

安培（ampere，amp）

电流的国际标准基本单位，通常缩写为"安"（amp），这个名字来自法国物理学家安德烈·马里·安培（André Marie Ampère，1775—1836）。1948 年，国际计量大会（它定义了国际标准单位）将安培定义为"如果在真空中以 1 米的间距平行放置两根直线导体，其圆截面直径可忽略不计，那么 1 安培的电流可在这两根导体之间产生 2×10^{-7} 牛每米的力"。2019 年，这个单位被重新定义为固定的基本自然常数，但这对它的值或者应用都没什么实际影响。

安时（安培时，amp hour，Ah）

1 安倍的电流流动 1 小时给电池充入的能量。毫安时（mAh）常应用于描述可充电电池的容量。

交流电（alternating current，AC）👁

周期性改变方向的电流，通常会形成循环。这意味着电子流动的方向在不断发生变化。大部分国家主要供应的是交流电，频率通常是每秒 60 个循环（60 赫兹），但有时候是 50 赫兹。

均方根（root mean square，RMS）

指一组数据的平方的平均数的算术平方根。在电学领域，均方根对交流电路来说至关重要：RMS 值，又名有效值，代表着交流电路的平均功率水平。人们通过一个完整周期内的瞬时值算出 RMS 值。在美国，交流电的 RMS 值是 110 伏，英国的则是 240 伏。

赫兹（hertz，Hz）

频率的国际标准单位，等于每秒的循环次数。循环的频率对交流电及其产生的电磁波来说尤其重要。电磁辐射是无线电通信的基础，其中包括无线电波和红外波。由于电磁波传播的速度是固定的（等于光速），它们的波长和频率（单位为赫兹）成反比。

和上图的波相比，下图的波，其波长较短，但频率（单位是赫兹）较高。

长波长，低频率，低能量

短波长，高频率，高能量

人们利用电解来电镀物品，有时候也用于提纯或演示特定的化学反应。阳极吸引电子（要么来自与之相连的原子，使之变成离子；要么来自溶液中的负离子，使之变成中性的原子），阴极会提供电子，从而将溶液中的正离子变成中性的。电镀过程中，金属离子会在阴极表面形成一层非常薄的固体金属层。

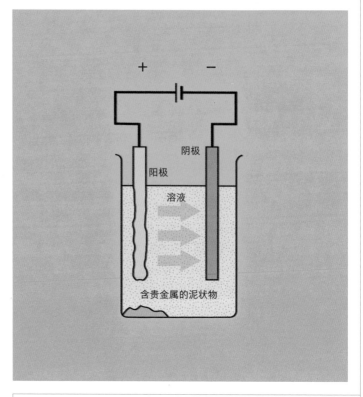

所以波长越大，频率就越低。这个单位是以德国物理学家海因里希·赫兹（Heinrich Hertz，1857—1894）命名的。

电势差（potential difference）

电路中的电压。如果一个电荷从一个点传递到了另一个点，那么这两个点之间必然存在电势差，它的单位是**伏特**。

伏特（volt）

电势差或电动势的单位。如果 1 **库仑**的电荷从电路中的一个点流动到另一个点，产生的能量是 1 **焦耳**，那么这两个点之间的电势差就是 1 伏特。1 伏特也能表达为 1 安培的持续电流消耗 1 瓦特能量，或者 1 安培的电流经过 1 欧姆电阻的电路时的电路两端的电势差。这个单位是以意大利物理学家亚历山德罗·伏特（Alessandro Volta，1745—1827）命名的。

电子伏（electron-volt，eV）

1 个电子经过 1 伏特的电势差所增加的能量，这个能量单位主要用于原子物理和核物理领域。1 电子伏 =160.206 × 10^{-21} 焦耳，其他惯用单位还有兆电子伏、吉电子伏甚至太电子伏。作为全世界最大的粒子加速器，大型强子对撞机（Large Hadron Collider）的撞击能量最高可达 13 太电子伏。

法拉第常数（Faraday's constant）👁

沉淀 1 摩尔的任意单价元素所需要的电荷量，约等于 96 485 库仑。这个单位也会被缩写为"法拉第"（符号是 F），它的名字源自英国电化学家兼物理学家迈克尔·法拉第（Michael Faraday，1791—1867），他首次定义了这个常数。法拉第的电解第一定律宣称："电解槽中每个电极上沉淀的物质量与流经电解槽的电流直接成正比。"

电荷（charge）

指物体中电子过剩或不足的状态。电子过剩的物体携带负电荷，电子不足的物体则携带正电荷。电荷可以用库仑这个单位来衡量。

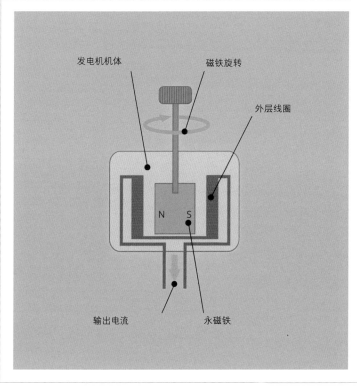

发电机利用磁力提供电动势，由此产生电流。

发电机机体　　　　磁铁旋转

外层线圈

N　S

输出电流　　　　永磁铁

磁矩的数学描述是，其中 I 是电流，A 是电流环包围的面积。

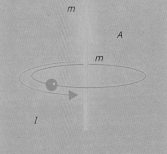

库仑（coulomb）

电荷或静电荷的国际标准单位，指 1 安培的电流在 1 秒内传输的电量。得名自法国物理学家夏尔·库仑（Charles Coulomb，1736—1806），他提出了库仑定律。这条定律宣称，两个静止点电荷之间的相互作用力与二者电量的乘积成正比，与二者之间距离的平方成反比。1 库仑 =6.3 × 10^{18} 基本电荷（1 基本电荷等于 1 个电子或质子携带的电荷）。

电容（capacitance）

储存电荷的能力。电容器是一种电子元件，通常由隔着一小段距离的两块板子组成。电压穿过电容器时，正电荷会储存在一块板子里，另一块板子则储存等量的负电荷。电容的单位是法拉（Farad），它衡量的是电量（单位为库仑）与电压之比。

电感（inductance）

电路抵抗电流变化的特性。电路中电流的变化会引发对抗这种变化的电动势（electromotive force，EMF），它的单位是亨利（henry，表示每秒安培的电流变化产生多少伏的电动势）。

涡电流（eddy current）

电磁铁或变压器的金属芯内因磁场变化而产生的感应电流。由此产生的热量是效率低下或者说浪费能量的表现，人们可以采取措施来减少这部分浪费。方法之一是将金属芯压成薄片，并在每层金属片之间插入绝缘体。

高斯（gauss）

CGS 系统中磁感应或磁通密度（磁场）的单位，1 高斯等于 1 麦克斯韦每平方厘米。1 奥斯特的磁场会在空气中引发 1 高斯的磁感应，或在磁导率为 μ 的介质中引发 μ 高斯的磁感应。1 高斯等于 10^{-4} 特斯拉。

磁通密度（magnetic flux density）

每单位面积区域的磁通量，磁通量单位是韦伯（weber，焦耳每安培）。磁通密度的单位是特斯拉（韦伯每平方米）。

麦克斯韦（maxwell）

CGS 系统的磁通量单位。1 麦克斯韦等于强度为 1 高斯的磁场每平方厘米的垂直磁通量。这个单位的名称是以英国物理学家詹姆斯·克拉克·麦克斯韦（James Clerk Maxwell，1831—1879）命名的。

特斯拉（tesla）

磁通密度的国际标准单位，1 特斯拉等于 1 韦伯每平方米。以塞尔维亚裔美籍物理学家尼古拉·特斯拉（Nikola Tesla，1846—1943）命名。

磁场强度（magnetic field strength，H） 👁

又叫"磁化强度"或"磁化力"，单位是安培每米。它是一个矢量，其大小等于磁场在某个点上的强度。磁场强度与导体的长度以及流经该导体的电流量成正比。

磁矩（magnetic moment） 👁

对单位磁场强度的磁场来说，使一块磁铁垂直于地面所需的力矩。它也可以表达为一块磁铁的磁极强度与磁长度（两极之间的距离）的乘积。电子有磁矩，所以原子也有，某些电子和原子的磁矩非常小，但也有很大的，比如铁原子。一个电子的磁矩大小以"玻尔磁子"（Bohr magneton）为单位来衡量，这个名字源自丹麦物理学家尼尔斯·玻尔（Niels Bohr，1885—1962）。

温度

绝对零度（absolute zero）

物体在这个温度下完全没有热量，因此组成物体的原子会进入所谓的"基态"（ground state，但实际上原子不可能完全停止运动）。（从理论上说）绝对零度是可能达到的最低温度。在实践中，由于受热力学定律的限制，绝对零度是一个不可能达到的温度，但科学家已经设法达到了十亿分之一**开尔文**的低温。

摄氏度（Celsius，℃） ◉

一种温标，0℃是纯水的冰点，而100℃是纯水的沸点（均为标准大气压下）。这个单位最初叫"厘度"（centigrade），但在1948年，为了纪念瑞典天文学家安德斯·摄尔修斯（Anders Celsius），它被正式命名为"摄氏度"。摄尔修斯在1742年发

华氏温标、摄氏温标、开氏温标和兰金温标。

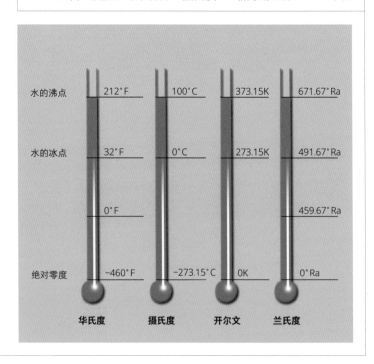

	华氏度	摄氏度	开尔文	兰氏度
水的沸点	212°F	100°C	373.15K	671.67°Ra
水的冰点	32°F	0°C	273.15K	491.67°Ra
	0°F			459.67°Ra
绝对零度	−460°F	−273.15°C	0K	0°Ra

明了这套温标。

开尔文（kelvin，K）👁

　　温度的国际标准标度。1 开尔文等于 1 摄氏度，但 0 K 被设定为绝对零度，等于 −273.15℃（所以水的冰点是 273.15K）。这个单位的全称（得名于英国科学家威廉·汤姆森，后来的开尔文爵士）中 k 应该小写，但其缩写是大写的 K，而且不用与"度"或者"°"符号一起使用。2019 年，人们用自然界的基本常数重新定义了开尔文，但这不影响它的实际值和实际应用。

华氏度（Fahrenheit，°F）👁

　　这是德国物理学家加布里尔·华伦海特（Gabriel Fahrenheit）于 1742 年提出的一种温标。他最初提出的是将等重的盐与水的混合物融化的温度定义为 0°F，马血的温度（假设和人类的一样）定义为 96°F，相应地，水的熔点和沸点分别是 32°F 和 212°F。他去世以后，人们以纯水的冰点和沸点为基准，重新校正了这套温标。

兰氏度（Rankine，°Ra）

　　一种不常用的温标，每一度的大小和华氏度一样，但兰氏度的 0 度是绝对零度（和热力学温度一样）。得名于苏格兰物理学家威廉·兰金（William Rankine），他于 1859 年提出了这套温标。

红外线（infrared）

　　电磁波谱中介于微波和可见光（300GHz ~ 400THz）的部分。任何温度高于绝对零度的物体都会释放红外线，在人类的感知中，这种电磁波是热的。

沸点（boiling point）

　　一种物质从液态转化为气态时的温度（又叫凝结点，因为从气态到液态的反向过程也是在这个温度下发生的）。不同压强下的沸点区别很大。

冰点（freezing point）

　　一种物质从液态转化为固态时的温度（或者反之，所以它有时候又叫熔点）。大部分物质在高压下更容易结冰。但水的表现

夜间温度	托格数
15°C 到 8°C	3 ~ 5
10°C 到 0°C	5 ~ 8
3°C 到 −10°C	7 ~ 10

注：背包客在户外使用的睡袋的托格数相当于一种舒适的温度等级。

却异乎寻常，它在冷却到 4℃ 以下时会膨胀，所以冰在高压下会融化。

升华点（sublimation point）

一些物质（如碘元素）在受热时会直接从固态转化为气态（反过来说，它们在冷却时也会直接从气态转化为固态），正常情况下它们不能以液态存在。这个过程叫升华，它发生时的温度就叫升华点。

三相点（triple point）

某些物质在一定的温度和压强下会以气态、液态和固态形式同时存在，三者达成平衡。（水的三相点是 0.01℃，612 帕，而且环境中没有其他气体。）

标准状况（Standard Temperature and Pressure，STP）

为了让科学实验能在完全相同的受控条件下复现而制定的一种标准。它被规定为 0℃，101 325 帕（1 标准大气压）。另一个类似的概念——室内状况（Room Temperature and Pressure，RTP）可能用于指代约 20℃ 的温度和周围大气压力。无需专业设备或严格的控制就能达到此状况。

比热容（specific heat capacity，c）

让 1 千克物质温度升高 1 开尔文，同时状态保持不变所需的热量。

潜热（latent heat）

1 千克物质通过相变产生物态的改变但温度不变所需的热量。从液态到气态或者从固态到气态的相变都需要吸收热量，相反的过程则会释放热量。

温度梯度（temperature gradient）

温度沿某种材料（包括空气）随距离而变化的速率。单种物质的温度梯度算起来很简单，只要用总温差除以两端之间的距离就行。

热导率（thermal conductivity）

衡量一种物质传热能力的量度。用热量流动的速率乘以材料厚度，再除以材料横截面积与温差之乘积即可得出。

热扩散率（thermal diffusivity）

一种物质的热导率与容积热容之比。热扩散率衡量的是一个物体与周围环境达到相同温度的速度有多快。

千卡 / 时（frigorie）

一种冷冻率单位，定义为每小时释放的热量（单位为千卡）。"frigorie" 这个词模仿的是 "calorie"（卡路里），只是用拉丁词语 "frigus"（冷）取代了 "calor"（热）。但对大多数实际应用场合来说，这个单位太小了。

托格（tog） 👁

一种热阻单位，定义为两侧（热侧和冷侧）的温差（单位是摄氏度）除以 10 倍的两侧之间的流动热量（单位是瓦每平方米）。主要用于床品和冬装，典型的托格数大约介于 5（轻盈的夏季床品）和 15（很重的冬用羽绒被）。

将 −100℃ 的冰转化为 200℃ 的蒸汽所消耗的总热量图。将 100℃ 的水转化为 100℃ 的蒸汽，这个相变过程消耗了大约 2/3 的热量。

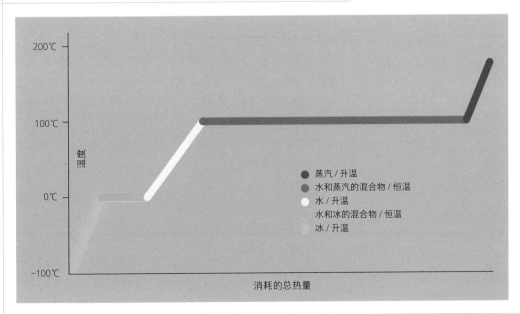

蒸汽 / 升温
水和蒸汽的混合物 / 恒温
水 / 升温
水和冰的混合物 / 恒温
冰 / 升温

消耗的总热量

克洛（Clo）

另一种热阻单位，也主要用于织物，1 克洛略大于 1.5 托格。如果一侧的温度是 70°F，另一侧的温度等于体温，那么在两侧之间维持每小时 50 千卡的热流，需要 1 克洛的热阻。

传热系数（U-factor，U-value）

衡量建筑材料导热能力的单位，定义为在温差为 1°F 的情况下，每单位厚度每平方英尺每小时损失的热量（**英热单位**）。传热系数越低，材料的隔热性能就越强。热阻率的等效单位是 R 值（R-value），它等于 1 除以传热系数。

RSI 值（RSI value）

衡量隔热能力的国际标准单位，单位是开尔文·平方米／瓦（$K \cdot m^2 \cdot W^{-1}$）。

英热单位（British thermal unit，Btu）

从技术上说，这是一个能量单位，但主要用于衡量热量（包括中央暖气系统和蒸汽涡轮机）。定义为让 1 磅水升温 1°F 所需的热量，但水的初始温度会略微影响英热单位的值（水温越高，1 英热单位的能量就越低）。1 英热单位约等于 1055 焦耳，所以 1 英热单位每小时略小于 0.3 瓦。1 撒姆[1]（therm）等于 100 000 英热单位。

温度计（thermometer）

测量温度的一种设备。最常见的类型是一根标有规律刻度的密封玻璃管，管内灌装了随温度上升而稳定膨胀的液体（通常是汞或染色酒精）。其他类型的温度计包括热敏电阻温度计（这种电子设备的电阻会随温度而改变）和**热电偶温度计**。温度记录仪是一种持续记录温度的温度计，比如通过绘制一幅图形，或者向一台计算机输出数据。

恒温器（thermostat）

一种用于控制温度的反馈系统（比如冰箱或锅炉里的）。它由一个温度计（通常是热电偶式的）和一套自动控制热源（或者

---

1. 美国常用的天然气计量单位。

冰箱里的冷凝器）的系统（电子和机械的都可以）组成。

热电偶温度计（thermocouple thermometer）

一种廉价、简单、可靠的温度计，热电偶温度计由两段不同的金属组成，它们有一端连在一起，另一端与一台测量电压的设备相连。改变连接处的温度会让金属内的电压产生变化。

高温计（pyrometer）

一种适用于极高温环境的温度计，比如用于烧制陶瓷的窑里，或者高炉之类的工业场合，又或者火山内部。

熵（entropy）

衡量（一组物体中）不能做功的能量的一种量度。在热力学领域，熵被定义为系统（物体集合）内总能量与可做功能量之差除以绝对温度。它和热能不一定相同，因为如果存在温度梯度，有些热能可以转化为其他形式的能量（从而做功），但你永远不可能把一个系统的所有热量转化为功（所以不可能制造出永动机）。根据物理定律，总熵只会增加——你的冰箱能降低其内部物体的熵，但它在工作时会大量增加周围环境的熵。

熵也可以用来衡量物体集合（气体或液体中的原子、星系中的恒星、硬盘上的文件等）的无序程度。这叫统计熵（statistical entropy），它衡量的是特定情况发生的概率——如果你扔 100 次硬币，那么的确可能出现 100 次正面，但这种情况出现的概率非常低，因为在所有排列组合中，这种组合只会出现一次（低熵）。99 次正面加 1 次反面出现的概率更高（100 种可能的组合），最可能的（熵最高）结果是正反面各 50 次（可能的组合非常多。事实上，有 1029 种组合）。

光

三原色（RGB，red，green，blue）👁

人类眼睛含有三种不同类型的锥形光感受器，分别探测三种不同波长范围的光。其他动物能感知到其他的波长范围，它们拥有的"视锥细胞"种数可能也不一样。不同的颜色会触发不同的视锥细胞组合（红色只会触发对黄色敏感的视锥细胞，黄色则会触发对黄色、绿色敏感的视锥细胞），从而让人感知完整的光谱颜色。计算机和电视屏幕使用了类似的三色混合系统。不同强度的红、绿、蓝光组合产生所需的颜色。目前大部分计算机图形系统用 8 位二进制数来定义每种颜色的强度（总共 24 位），由此产生 1670 万种颜色。

印刷四分色 [CMYK，cyan，magenta，yellow，key（black）]

印刷业中常用的颜色模型。这套系统是减色系统：每种颜色添加得越多，反射的光就越少。每种颜色以小墨点的形式被印下来（墨点大小变化会影响该颜色的强度），从远处看这些点会显得模糊，给人一种单色的外观。黑色之所以会作为一种单独的颜色被添加进去，是因为理论上只要将所有原色以最大强度混合起来就能产生黑色，但在实际操作中，这样做往往只会得到一团浑浊的棕色。

人类能感知的光谱范围大致是 400 ~ 700nm。在我们眼中，这些颜色组成了一道平滑的彩虹，从紫色（高频）到红色（低频）。

波长

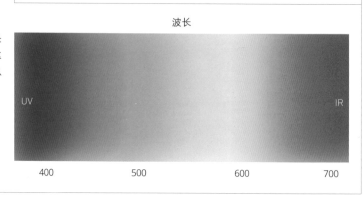

UV   IR

400   500   600   700

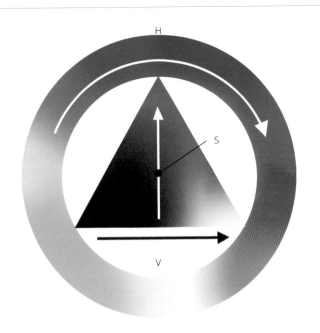

H

S

V

色相 - 饱和度 - 明度（HSV, hue, saturation, value） 👁

一种颜色模型，主要由艺术家用来混合不透明的颜料，但也可以用来描述其他媒介中的颜色，包括一些计算机图形程序。

色相（hue）

色彩三要素之一，大部分人所理解的"颜色"指的就是色相。它通常被描绘成连续的色轮，光谱沿着轮子排列，从红色渐变到紫色。

饱和度（saturation；或浓度，chroma）

表示颜色的活跃程度，或者说强度。低强度的颜色就像一道灰影，里面加了少许**色相**。粉彩色的亮度就很高，但饱和度很低。以百分比来衡量，100% 是完全饱和的颜色，0% 是纯灰色。（和**发光强度**不一样。）

明度（value，V）

衡量一种颜色有多亮或多暗的量度。和**饱和度**一样，明度也以百分比来衡量：纯黑色的明度是 0%，无论它的饱和度是多少；纯白色的明度是 100%，无论它的**色相**是什么。有的色相看起来就是比别的亮，事实上，哪怕在最高的饱和度与明度下，它也能反射更多光线——黄色是最亮的颜色，而蓝色色调看起来往往是最暗的。

发光强度（luminous intensity）

衡量光源在特定方向上释放出来的能量的物理量。一个与此相关但不一样的量度是辐射强度，它指的是光源在特定方向上发射的电磁辐射（包括光）的能量。因为人眼对不同颜色的光会产生不同的反应，哪怕辐射强度相同，不同波长的可见光也会产生不同的发光强度。

坎德拉（candela, cd）

发光强度的国际标准单位，简称"坎"，亦称烛光。按照定义，如果一个频率为 540 太赫兹的单色电磁辐射源（在给定方向上）释放出 1/683 瓦特每球面度的光，那么它的发光强度就是 1 坎。人眼对这个频率的光（微微偏黄的绿色）最敏感，而这个看似随意的数字 1/683 是为了跟之前的坎德拉定义保持一致，这牵涉铂在熔点（约 1770℃）时的"黑体"辐射。

流明（lumen, lm）

光通量的国际标准单位，最好理解为平均强度为 1 **坎德拉**的光源向 1 **球面度**的角度释放的光的总量。

朗伯（lambert）

一种亮度单位，衡量一个表面的发光强度，即这个表面每单位面积释放或反射的光的量。亮度为 1 朗伯的表面每平方厘米释放（或反射）1 流明的光。

勒克斯（lux, lx） ◉

衡量表面照度（照到物体表面上的光的量）的国际单位。它被定义为 1 流明每平方米。比起自然的阳光，大部分人造光源提供的亮度都非常低——靠灯管照明的明亮办公室，亮度介于 300 到 500 勒克斯，而白天的光亮度范围很广，从阴天的 30 000 勒克斯到晴朗天气下的 100 000 勒克斯以上。

屈光度（diopter）

衡量透镜聚焦能力的一种单位，其数值等于透镜焦距的倒数。

聚光透镜的屈光度为正数，发散透镜的屈光度则为负数。

偏振（polarization）

描述光子电波分量方向的一个物理量。虽然无法测量单个光子的偏振，但可以通过测量偏振滤镜所能允许通过最大量光线的角度来测定光源的偏振。大部分普通光源没有偏振（其各个光子的偏振方向是随机的），但光在通过滤镜或在表面反射后会产生偏振光。偏光太阳镜（及类似产品）正是基于这一原理，它们会吸收水平偏振光以减少眩光。

反射率（reflectivity）

射到一个表面上的光被反射的量与入射量之比。

折射率（refractive index，n）👁

衡量电磁辐射（包括光）在某种介质中的传播速度比在真空中慢多少的一种量度。用 c（真空光速）除以光在这种介质中的传播速度即可算出。折射率决定了光以一定角度射入某种介质时的弯曲程度。

衍射（diffraction）

指波（包括光）在经过障碍物边缘时发生弯曲的能力。给定波的衍射程度取决于波通过的缝隙宽度与波长的关系，二者相等时衍射效果最强。

离光源越远，接收到的光强度就越低。

1 米 4000 勒克斯   2 米 1000 勒克斯   3 米 444 勒克斯

光学密度（optical density）

　　衡量物体吸光能力的一个指标。每个光密度单位都代表穿过该物体的光的强度降低一个量级。因此，光密度为 1 的物体能允许 10% 的光通过（剩余 90% 的光都被吸收了），而光密度为 2 的物体只容许 1% 的光通过（吸收 99% 的光），以此类推。

激光（laser）

　　"laser" 是 "Light Amplification by Stimulated Emission of Radiation"（通过受激辐射光扩大）的首字母缩写。这种装置被设计用于产生高度聚焦、通常是单色的光，而且照射时间很短。由于激光光束高度准直（光线几乎沿同一方向传播），除非在它的行经路线上放置一个物体来反射它，否则一般是看不见激光的，所以实验室高能激光可以切开金属板（或人体），极具危险性。日常使用的激光（主要是激光笔和 CD 播放器）强度一般用毫瓦来衡量，但如果照到眼睛，即使是这种强度的激光也会导致永久性损伤。激光还可用于进行各种测量，因为它们的光线高度可控。

波长（wavelength）

　　一道波（包括光波、声波和水波）相邻两个波峰之间的距离，

一种物质的折射率决定了由其制成的棱镜所产生的红色和紫色光带之间相隔有多远。（天空中的彩虹也来自同样的效应。）

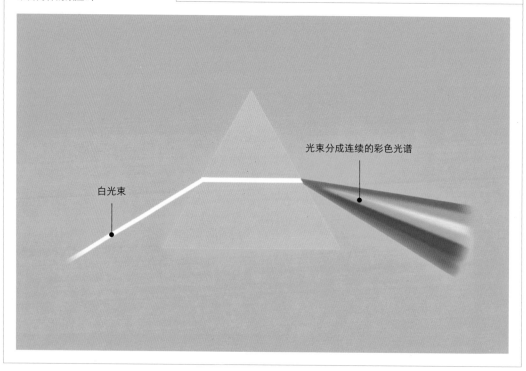

白光束

光束分成连续的彩色光谱

等于这道波传播的速度除以它的频率。光的波长范围通常在 400
纳米（紫色）到 740 纳米（红色）。

光子（photon）

光或其他任何电磁辐射的量子（可能存在的最小的量）。可
以将光子视作自我增强式的电磁波和磁波的爆发，这些波彼此垂
直，并沿着它们在空间中的运动方向排列。光子的能量（以**焦耳**
为单位）等于它的频率（单位为**赫兹**）乘以**普朗克常数**（6.6×10^{-34}），
根据物理定律，光子在能量被吸收并转化为其他形式之前，将始
终以光速运动，一旦其能量被吸收且转换，光子 [其静止质量（rest
mass）为零] 就不复存在了。

雷利（rayleigh，R）

一种非常小的光强度单位，主要用于天文学。1 雷利相当于
100 万个光子每秒平方厘米。

标准红斑剂量（standard erythemal dose，SED）

衡量紫外线累积吸收能量的一种单位，定义为 100 焦耳每平
方米（通常是指皮肤表面积）。相关的强度单位是 SED/h，它等
于 27.8 毫瓦每平方米对皮肤造成影响的紫外线。

数学

斜率（gradient）

衡量变化率的一种量度。通俗地说，斜率衡量的是山坡的陡峭程度，它以比例的形式来定义。1:2 的斜率意味着长度每增加 2 个单位，高度增加或减少 1 个单位。用数学术语来说，斜率是在标量场中的给定点上作用于一个标量函数的**矢量**。因此，斜率可能存在于两个以上的维度中。

顶点（vertex）

一个具有多种相似含义的数学术语。在几何学中，顶点指的是多边形或多面体的任意角点。从这个意义上说，它有时候会和"**最高点**"（apex）互换使用，但严格说来，最高点只是众多顶点之一。顶点也可以用来指代轴和曲线的交点。

轴（axis）

在几何学中，轴指的是一条虚拟的直线，一个平面绕着它旋转，形成一个对称体。从更广泛的数学意义上说，轴是支撑坐标系的一条固定的线，它通常被命名为 X 轴、Y 轴或 Z 轴。对称轴指的是使二维或三维形状形成对称的那条线。

这条曲线的拐点是它的斜率从正变成负的那个点。

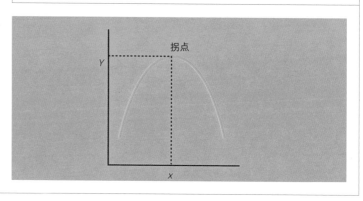

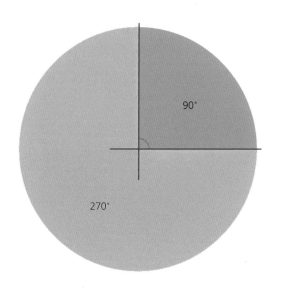

一个圆可分为 360 角度度数，32 400 角度分数，或 1 944 000 角度秒数。

拐点（point of inflexion, inflection） 👁

一条曲线从凹到凸的转折点。更确切地说，拐点指的是斜率变化率的符号（正或负）发生变化的那个点。

渐近线（asymptote）

一条越来越靠近特定曲线、但永不相交的直线。

角度度数（arc degree,°） 👁

衡量角度的单位，也可以简称为"度"。一个完整的圆是 360°，半圆是 180°，直角是 90°。角度度数不仅能衡量角的大小，还能用来衡量长度和距离的关系。比如，在距离你一臂之遥的位置，你拇指的长度大约是 2°。[1] 角度度数可以再细分成角度分数（′）和角度秒数（″）。

弧度（radian, rad）

衡量角度的国际标准单位，也是**角度度数**的替代单位。1 弧度指的是弧长等于半径时的圆心角。因此，一个圆的弧度为 2π，1 弧度约等于 57.3°。在微积分中，人们运用弧度来使计算结果

---

1. 这里是说将手臂伸直并竖起拇指时，拇指的长度在你的视线中大约覆盖 2° 的视角。

球面度衡量的是三维角度，它的形状总是呈圆锥形。一个球总的球面度是4π。

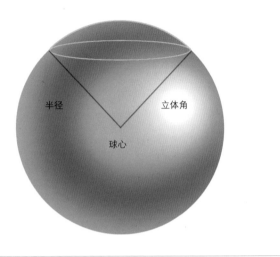

半径　　　立体角

球心

尽可能贴近自然。

球面度（steradian，sr）

衡量三维角度的一种单位。球面度是立体角的国际单位，是弧度在三维空间中的等量。1球面度指的是弧面面积等于球体半径的平方时的球心角。

正弦（sine）

对直角三角形中任意一个非直角来说，正弦指的是这个角所对的那条边长除以斜边长得到的小数。与这个角相邻的边长除以斜边长得到的小数是余弦。

正切（tangent，tan）

这个数学术语有两种不同的含义。在几何学中，正切指的是切线，若一条直线与一条曲线相交，曲线在交点上的斜率等于直线的斜率，则这条直线是它的切线。曲线的几何切线是用微积分来定义的。而在三角函数中，正切是直角三角形中非直角的对边与邻边之比。

实数（real number）

用于描述任何不含虚部的数字。事实上，数学家创造出"实数"这个术语是为了对应虚数的概念。在实际应用中，实数指的是在无限数轴上有对应点的任何数。实数可以是正数、负数、有理数、无理数、代数数或 0。

虚数（imaginary number）

用于描述可写作 "$a + ib$" 的复数中非实数的部分，其中 a 和 b 是实数，i 是 –1 的平方根。复数是既包含实部又包含虚部的数——"ib" 就是那个虚数。在高等数学的诸多分支和许多科学领域中，虚数至关重要。

质数（prime number）

指仅能被 1 和其本身整除的自然数。在数论中，质数是所有自然数的基石，也就是说，任何整数都能表达为质数的乘积。质数有无限多个，但已知最大的质数是 $2^{24036583}–1$，它有 7 235 733 位。[1]质数的反义词是合数。

有理数（rational number）

用于描述可表示为两个整数之比的任何数。换句话说，有理数指的是可用 a/b 来表示的任何数，其中 a 和 b 是整数，且 b 不

---

1. 截至 2023 年 12 月，已知最大质数是 $2^{82589933}–1$，它在十进制时有 24 862 048 位，这个质数是在 2018 年被发现的。

正切函数的定义。单位圆指的是圆心为坐标系原点、半径为 1 的圆。使 OA 绕原点旋转到 OP，形成角度 x。Q 是直线 OP 与直线 $x=1$ 的交点。那么点 Q 的 y 坐标就是 x 的余弦。

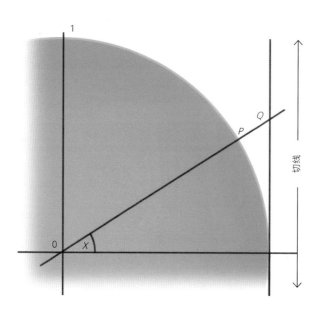

等于 0。

无理数（irrational number）

用于描述不能用两个整数之比来表示的任何实数。无理数的例子有 2 的平方根、π 和 e。

无穷大（infinity，∞）

一个大于任何可指定值的数字。无穷大的概念随历史而演变，除了数学意义，它还有哲学和宇宙学方面的内涵。

i（i）

一个虚数，它的值等于 −1 的平方根。数学符号 i 代表虚数单位，它的严格定义是方程 $x^2 = -1$ 的解。

e（e）

一个数学常数，约等于 2.718 28。数学符号 e 代表欧拉数，它以瑞士数学家莱昂哈德·欧拉（Leonhard Euler，1707—1783）的名字命名。它是一个超越数，也是自然**对数**函数的底数。

π（pi）◉

一个数学常数，约等于 3.141 592 7。π 被定义为一个圆的周

π 可能是数学中最重要的常数。它是一个无理数，这意味着它在小数点后有无穷多位。

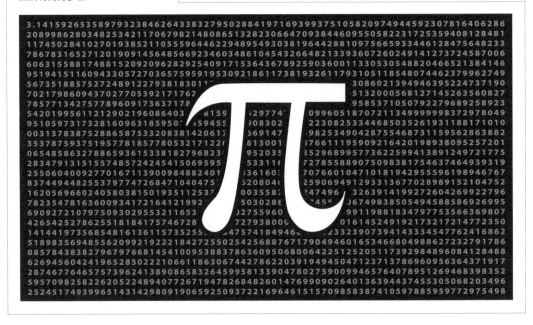

长与直径之比，它是一个无理数。它是最重要的数学常数之一，对描述圆来说至关重要：圆的面积等于 πr²，其中 r 是它的半径；圆的周长等于 2πr。

随机（random）

这个统计学术语用于描述以无法准确预测的方式发生的事件，但这并不意味着随机事件在宏观层面上完全不可预测。比如，雪花可能会随机飘落，但我们可以预测它们大致会落在哪个区域，以及随着更多雪花的积累，最终会覆盖哪些区域。

等差数列（arithmetic sequence）

一个有限或无限的数列，其中每个数字都等于前一个数字加上一个常数，这个常数又叫"公差"。所以，一个起始数为 3，公差为 4 的等差数列开头是这样的：3，7，11，15，19……

等比数列（geometric sequence）

一个有限或无限的数列，其中每个数都等于前一个数字乘以一个常数，这个常数又叫"公比"。所以，一个起始数为 3，公比为 4 的等比数列开头是这样的：3，12，48，192，768……

指数数列（exponential sequence）

一个有限或无限的数列，其中每一个数都等于前一个数的指数幂，该指数是一个常数。所以，一个起始数为 3，指数为 4 的指数数列开头是这样的：3，81，43 046 721……

斐波那契数列（Fibonacci sequence） 👁

一个无限数列，其中每一个数都等于前两个数之和。最简单的斐波那契数列从数字 0 和 1 开始，它的开头是这样的：0，1，1，2，3，5，8，13……

算术平均数（arithmetic mean）

用几个量的和除以量的个数，就能得到它们的算术平均数。因此，1，3，5，7 的算术平均数是 $\frac{1+3+5+7}{4}=4$。算术平均数比较常用，但它可能造成极大的误导，因为样本中极大或极小的不具备代表性的数据可能导致它失真。

从 0 和 1 开始的斐波那契数列。意大利数学家列奥纳多·斐波那契（Leonardo Fibonacci，1170—1250）对阿拉伯数字在欧洲的推广亦有贡献。

众数（mode）

一组数中出现次数最多的数是它们的众数。比如，在 1，2，2，3，3，3，4，5 这组数中，众数是 3，因为它是出现得最多的数。

中位数（median）

指一组数字中的平均数，这组数字中有一半都小于这个数。如果样本的个数是奇数，中位数就是该样本中的一个数。如果样本个数是偶数，中位数就是最中间的两个数的算术平均。所以，1，2，2，3，5，6，8，8，9，10 的中位数是 5.5，比它大和比它小的数字各占 50%。

中程数（mid-range）

一组数中最大值和最小值的算术平均数。比如 1，3，5，6，6，6，7，11 的中程数是 $\frac{11+1}{2}=6$。

概率（probability）👁

估计某事件发生的可能性的度量。在数学中，概率通常表达为 0（不可能发生）和 1（绝对会发生）之间的一个实数。更通俗地说，概率用小数来表达：掷骰子出现 3、5 或 6 的概率是 1/2（0.5）。赌徒通常用赔率或比率来表达概率：如果说某件事发生的比率是 2:1，这等同于 2/3 的概率。

组合（combination）

从大量元素中取出一些元素所形成的集合，无论这些元素如何排列。比如，从数列 {1, 2, 3, 4} 中取出 3 个数，能形成三种组合，即 {1, 2, 3}，{1, 2, 4} 和 {2, 3, 4}。但其中每种组合各有 6 种排

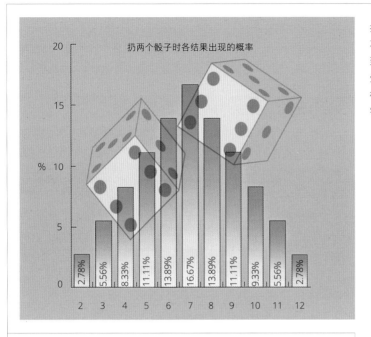

扔两个骰子时各结果出现的概率

2.78% 5.56% 8.33% 11.11% 13.89% 16.67% 13.89% 11.11% 9.33% 5.56% 2.78%

2　3　4　5　6　7　8　9　10　11　12

扔出一个 3 的概率是 1/6，但这并不意味着扔 6 次骰子就一定能得到一个 3。给定事件发生的概率不受之前发生的事件影响。这幅图标出了扔两个骰子时得到特定数字的概率。

列方式——具体取决于它们的顺序。

古戈尔（googol）

　　这个数等于 10^{100}，或者说 1 后面 100 个 0。1938 年，一个名叫米尔顿·西罗蒂（Milton Sirotta）的 9 岁孩子"发明"了这个术语，他是美国数学家爱德华·卡斯纳（Edward Kasner，1878—1955）的侄子。

古戈尔普勒克斯（googolplex）

　　这个数等于 1 后面**古戈尔**个 0，或者说 10 的古戈尔次方。如果用 1 磅字号（1/72 英寸）把 1 古戈尔普勒克斯这个数印出来，它的长度会是已知宇宙直径的 4.7×10^{69} 倍。

标准差（standard deviation，σ，s）

　　衡量统计离差的一种度量，指一组数的方差的算术平方根。数字 1，3，4，6，7 的算术平均数是 4.2，而它们的标准差约为 2.387，这意味着平均而言，每个数和 4.2 之间的差值是 2.387。标准差大，意味着一个组合中的元素与平均值相去甚远。比如数组 29，30，31 和 20，30，40 的算术平均值都是 30，但后者的标准差远大于前者。

归一化（normalize）

　　将数列、函数或数字乘以一个系数，使某个相关量（通常是它的范数，但也不一定）等于一个期望值（通常是 1）的过程。

四分位数（quartiles）　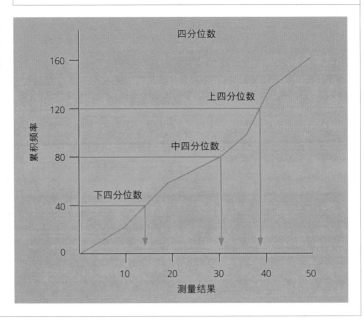

　　能将一个特定变量的一组数值等分成四份的数。每个四分位数代表这组值的四分之一的分界点。第一个四分位数分割出数据中最小的四分之一，它又叫第 25 百分位数。第二个四分位数是所有值的中点，它又叫中位数或第 50 百分位数。第三个四分位数分割出所有数据中最大的四分之一，它又叫第 75 百分位数。第一个和第三个四分位数之间的差值被称为四分位距（interquartile range）。

百分位（percentiles）

　　将一个特定变量的一组数值等分成 100 份，每一份的分割点就是一个百分位。如果一个数出现在第 95 百分位，那么它的位置在这组数的前 5%。

百分数（percent，%）

　　将一个小数、分数或比数描述成整数的一种方式。英文中"percent"这个词源自伪拉丁词组"per centum"，意

四分位数是百分比的一种：第 25 百分位数是下四分位数，第 50 百分位数是中位数，第 75 百分位数是上四分位数。

思是"百分之几"，因此 25% 代表分数 25/100。百分数可以大于 100%—— 比如 150% 代表增加了 50%。换句话说，150% = 150/100 或 1.5。

分子（numerator）👁

分数中分数线上方的数。将整体等分成若干份，其份数就是**分母**，分子表示的是分数的值在其中占多少份。比如，在分数 2/3 中，分子是 2，这意味着分数的值等于 2 个 1/3 份。

分母（denominator）

分数中分数线下方的数。将整体等分成若干份，分母代表的是被分割的份数。比如分数 3/4 的分母是 4，这表示样本被分成了相等的四份。分母永远不会等于 0。

因子（factors）

能将另一个数整除的数。比如，1，2，3 和 6 都是 6 的因子，因为 6 能被其中任何一个数整除。

系数（factor）

用来增加或乘以另一个数的数，比如 10 乘以系数 4 等于 40。

阶乘（factorial，!）

一个正整数乘以所有小于它的非零整数得到的结果。所以，6! 等于 $6 \times 5 \times 4 \times 3 \times 2 \times 1 = 720$。0! 的值被规定为 1。拥有 n 个元素的任意组合都有 $n!$ 种排列（排布元素的方式），从这个组合中选取 k 个元素，产生的组合种数等于 $\frac{n!}{k!(n-k)!}$。阶乘还广泛应用于微积分和概率论。

底数（bases）

记数系统的基础数字（比如，**二进制**的底数是 2，**十进制**的底数是 10，以此类推）。底数为 n 的记数系统会使用 0 到 $n-1$ 之间的数字，所以底数为 5 的记数系统会用到数字 0，1，2，3 和 4。**对数**系统中的底数指的是该系统中所有数字所基于的那个数。

$$\frac{17}{45}$$

滑尺是计算对数函数的传统工具。它相当于机械式的对数表，使用者不需要知道具体的对数。如今它已被计算器和计算机完全取代。

二进制（binary）

底数是 2。二进制记数系统只用 0 和 1 两个数字。十进制的 2 在二进制系统中写作 10，十进制的 5 在二进制系统中写作 101。二进制系统是布林逻辑的基础，因此它也是现代电路和计算机运转的基础，因为这两个数字可以代表两种不同的电压。

十进制（decimal, denary）

底数是 10。十进制是最常用的记数系统，它会用到 10 个数字，即 0, 1, 2, 3, 4, 5, 6, 7, 8 和 9。人们普遍猜测，人类之所以会广泛采用十进制系统，是因为我们的手指和脚趾数量都是 10。但是，并非所有人类文明都使用十进制系统。玛雅人、巴比伦人和尤基印第安人用的都是八进制系统，或者说以 8 为底数。

十六进制（hexadecimal）

底数是 16。十六进制使用以下 16 个数字或符号：0, 1, 2, 3, 4, 5, 6, 7, 8, 9, A, B, C, D, E, F。在十六进制中，十进制数字 10 写作 A；十进制数字 16 写作 10；十进制数字 100 写作 64；十进制数字 1000 写作 3E8。计算机会使用十六进制，因为四个二进制数，或者说数位，可以方便地表达成一个十六进制数。比如，二进制中的 1011 等于十六进制中的 B。

幂（power）

一个数字将自身连乘特定次数后得到的结果。因此，4 的 6 次幂，或者说 4^6，等于 $4 \times 4 \times 4 \times 4 \times 4 \times 4 = 4096$。在这个例子中，4 被称为底数，6 被称为指数。指数 2 和 3 很常用，所以它们有更通俗的名称，分别是平方和立方。负指数的作用是取幂的倒数，所以 $4^{-6} = \frac{1}{4^6} = \frac{1}{4096}$。指数 1 很少被写出来，因为 $a^1 = a$。任何数的 0 次幂都被定义为 1。

指数函数（exponential function）

一种函数，其值等于一个底数的特定指数次幂。指数函数的倒数是对数函数。

对数（logarithm, log）👁

一个基数必须将自身连乘一定次数，从而得到一个指定的结果，这个连乘的次数就是该结果的对数。因此，对数函数是指数

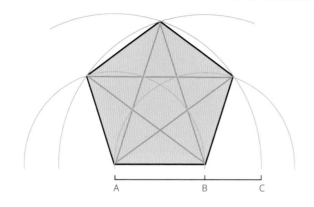

正五边形的对角线长度（两个不相邻的顶点之间的距离）等于它的边长乘以黄金比例。

函数的倒数。对数的数学表达如下：若 $x^b = a$，则 $\log_x a = b$。所以，$\log_8 64 = 2$，因为 $8^2 = 64$。但 $\log_4 64 = 3$，因为 $4^3 = 64$。对数函数常用于解答指数未知的方程，它们在微积分中也很常见，尤其是在解微分方程的时候。自然对数是以 e 为底数的对数函数。

数量级（order of magnitude）

　　一种尺度比例，通常由 10 的幂决定。所以，如果数字 b 比 a 大一个数量级，意思就是说，b 比 a 大 10 倍。

黄金比例（golden ratio，Φ）　👁

　　在数学、几何学和自然界中以一定规律出现的一种比例，传统上人们认为它赏心悦目。如果写成数字，黄金比例约等于 1.618 033，它常被写作希腊字母 phi（Φ）。正五边形的边长与对角线长度之比等于黄金比例，它被用于描述**斐波那契数列**。黄金比例曾是纸张尺寸的基准，但现在在标准尺寸的纸张基准值是 $\sqrt{2}$。

标量（scalar）

　　只有大小但没有方向的量，与"**矢量**"相对。"距离"就是一种典型的标量。比如，一个物体在 100 米外，我们并不知道要够到这个物体需朝哪个方向前进。

矢量（vector）

　　既描述了大小又描述了方向的量。因此，矢量不同于标量。"速度"就是一种矢量，因为它衡量的是运动的速率和方向。

核物理和原子物理

夸克的味（quark flavors）

定义亚原子粒子夸克的属性。夸克的味有六种：上（u）、下（d）、粲（c）、奇（s）、顶（t）和底（b）。传统方法在测量和描述夸克时并不适用，人们用"味"和"色"之类的概念来区分不同类型的夸克。

原子数（atomic number，Z）

指原子核中质子的数量。所有元素都有不同的原子数，元素的原子数决定了该元素在**元素周期表**中的位置。

对于这个拥有 4 个电子的原子来说，要成为"中性"原子（整体不带电），其原子核需要包含 4 个质子。如果原子核中有 6 个质子，它就是一个正离子，携带的电荷是 +2e。

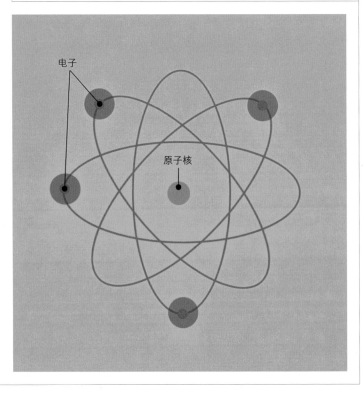

电子

原子核

基本电荷（elementary charge，e，q）

电荷单位，指单个电子所携带的负电荷。1 基本电荷约等于 1.602 176 46 × 10⁻¹⁹ 库仑。1909 年，美国物理学家罗伯特·密立根（Robert Millikan）首次测量了基本电荷。夸克粒子携带的电荷是 $+\frac{2}{3}e$ 或 $-\frac{1}{3}e$。

电子质量（electron mass）

形容单个电子的质量，约等于 9.1094×10^{-28} 克。

静止质量（rest mass）

一般就指某个物体的质量。静止质量，或者说不变质量，区别于相对质量，在狭义相对论中，相对质量用于描述受不同参考系影响的质量（如果一个物体相对于观察者以极高的速度运动，那它的相对质量会增加）。

德布罗意波长（de Broglie wavelength，λ）

用于形容粒子的波长。波长是指一道波相邻波峰之间的距离。德布罗意波长得名于法国物理学家路易·德布罗意（Louis de Broglie，1892—1987），他提出，任何拥有动量的粒子都有波长。相对论性粒子的德布罗意波长等于 h/p，其中 h 是普朗克常数，p 是这个粒子的动量。

原子质量单位（atomic mass unit，amu）

一种质量单位，用于表达原子和分子的质量。它又叫统一原子质量单位（unified atomic mass unit，u）或道尔顿（Dalton，Da）。1 原子质量单位等于一个碳 -12 原子质量的 1/12，或者 1.66×10^{-30} 克。之所以选择碳 -12 作为这个单位的基准，是因为它含有相同数量的质子、中子和电子，这三种粒子是所有原子的基本构建模块。由于电子的质量比质子和中子轻得多，以原子质量单位来描述的原子质量等于它原子核中的质子数加上中子数。一种特定元素的原子，其原子数是恒定的，但相对原子质量却不一定相同。

玻尔半径（Bohr radius）

戴恩·尼尔斯·玻尔（Dane Niels Bohr，1885—1962）描述的氢原子模型中最低能量单位的半径。在原子物理学中，玻尔

每个物体都有自己的波长；物体越小，它的德布罗意波长就越长——即便小如亚原子粒子也有波长，虽然其波长非常短。

尼尔斯·玻尔提出的经典的氢原子示意图。

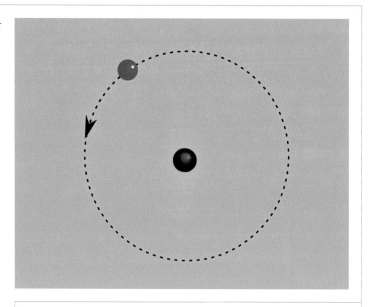

半径被视作一个长度单位，它等于 5.292×10^{-11} 米，或者约等于 1 **埃**的一半。

量子（quantum）

　　一种相对能量单位。一个量子内的能量和它所代表的辐射成正比，等于频率乘以**普朗克常数**。"量子"这个词的扩展定义是其他特定物理性质能被分成的最小的量。比如，**基本电荷**就是电荷的量子。

贝可勒尔（becquerel，贝可，Bq）

　　放射性活度的国际基本单位，得名于法国物理学家安东尼－亨利·贝可勒尔（Antoine-Henri Becquerel，1852—1908），因为发现了铀盐的天然辐射，他和居里夫妇共享了 1903 年的诺贝尔物理学奖。1 贝可勒尔等于 1 个原子核在 1 秒内发生放射性裂变而产生的辐射。它约等于 27×10^{-12} 居里。

居里（Curie，Ci）

　　一种放射性活度单位。最初定义为 1 克镭 -226 的放射性活度，1953 年，人们达成共识，1 居里应该等于每秒 3.7×10^{10} 个原子裂变。得名于玛丽和皮埃尔·居里（Marie and Pierre Curie，生卒年分别为 1867—1934 和 1859—1906）。

希沃特（sievert，Sv）

　　描述人体或其他生物体所受辐射剂量的国际标准单位。它以瑞典物理学家罗尔夫·希沃特（Rolf Sievert，1896—1966）的名字命名。希沃特等于实际辐射剂量乘以一个系数，系数大小取决于辐射的危险程度——系数越大，辐射越危险。天然背景辐射的有效剂量约等于每年 1.5 毫希。如果有效辐射剂量提高到 2 ～ 5 希沃特，就可能导致脱发、恶心，甚至可能致死。1 希沃特等于 100 雷姆。

戈瑞（gray，Gy）

　　衡量辐射吸收剂量的国际标准能量单位。它以英国放射生物学家路易斯·戈瑞（Louis Gray，1905—1965）的名字命名。1 戈瑞定义为每千克物质吸收 1 焦耳能量的剂量。它等于 100 **拉德**。戈瑞和**希沃特**的区别在于，它不能区分不同形式辐射的危险程度。

半衰期（half-life）

　　特定放射性同位素样本中的半数原子发生衰变所需的时间。要让原始同位素的放射性降低到初始水平的 0.1%，需要消耗的时间略少于 10 个半衰期，不同元素的半衰期差别很大。铀 -238 的半衰期是 45 亿年，而镭 -221 的半衰期是 30 秒，还有很多不稳定同位素的半衰期是几分之一秒。值得一提的是，衡量放射性风险是一件很复杂的事情，因为原始同位素的衰变产物本身也可能有放射性。

半值层（half-value layer）

　　使辐射强度减半所需的屏蔽物质的量。半值层用于衡量辐射源的强度。不同辐射源的半值层用不同的材料来定义。比如，X 射线的半值层通常用铝或铜的厚度来描述。

k 因子（k factor）

　　衡量某种放射性材料所产生的伽马射线强度的一种量度。k 因子衡量的是衰变速率为 3.7×10^7 贝可勒尔（或 1 毫居）每秒的辐射源在 1 厘米的距离上每小时产生多少**伦琴**的辐射。

伦琴（roentgen，R）

　　一种电离辐射单位。它以发现 X 射线的德国物理学家威廉·伦

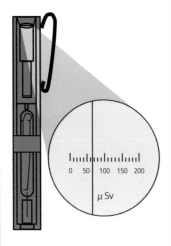

放射量测定器通常形状像笔，可以轻松别在衣服上。它可以测量佩戴者接触到危险有害因素（辐射或噪声等）的程度。

琴（1845—1923）命名。当辐射击中一个原子，它会移除一个或多个电子，使原子变成离子。这会产生多种辐射生物学效应，伦琴衡量的就是这些效应。1 伦琴的辐射量能从每千克的空气中释放出 2.58×10^{-4} 库仑的正负电荷。

辐射吸收剂量（radiation absorbed dose，rad）

辐射剂量的公制单位，1 辐射吸收剂量等于 0.01 **戈瑞**。换句话说，1 辐射吸收剂量等于每千克组织吸收 0.01 焦耳的能量。

卢瑟福（rutherford，Rd）

一种放射性活度单位，得名于新西兰物理学家欧内斯特·卢瑟福（Ernest Rutherford，1871—1937）。1 卢瑟福等于 1 兆贝可勒尔，或者每秒 100 万次放射性裂变。

亨氏标度（Hounsfield scale）　◉

衡量辐射密度的一种标度，或者说，衡量一种物质有多容易被 X 射线穿透。与防护 X 射线能力强的物质相比，防 X 射线能力弱的物质更容易被 X 射线的光子穿透，所以它在亨氏标度中的分数更低，这会影响它在 X 光片和 CAT 扫描中的成像。

放射量测定器（dosimeter）　◉

一种设备，用于衡量在可能有害的环境中的暴露程度。放射量测定器测量的是在电离辐射中的暴露程度。由于吸收的辐射会累积，所以每当人在接触放射源时都应该佩戴放射量测定器。

盖革计数器（Geiger counter）

一种测量放射性水平的设备。得名于它的发明者德国物理学家汉斯·威廉·盖革（1882—1945），它会探测大气中的电离粒子并计数。盖革计数器能探测光子、α 射线、β 射线和 γ 射线，但不能探测质子。有的盖革计数器使用的测量设备是目视式的，比如一根探针。另一些则会发出咔嗒咔嗒的声音。如今盖革计数器基本上已经被一种名叫卤素计数器（halogen counter）的新设备取代，后者的工作电压要低得多，寿命也更长。

背景辐射（background radiation）

环境中天然存在的辐射，来自地球内部、大气或周围空间中

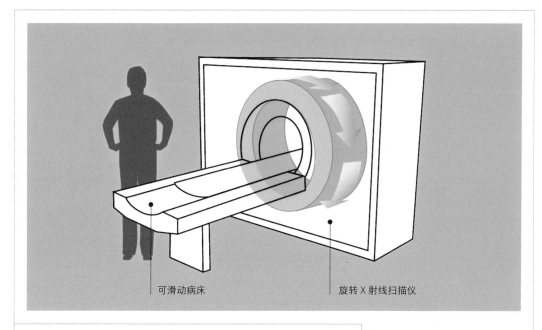

可滑动病床　　　　　　　　　　旋转 X 射线扫描仪

的天然辐射源。背景辐射中有一小部分来自太空的微弱微波，那是大爆炸的余韵，人们称之为"宇宙微波背景辐射"。背景辐射的值会有波动，但大致在 0.3 ~ 0.4 雷姆（见 **希沃特**）。

临界质量（critical mass）

　　能维持原子核链式反应的可裂变材料的最低质量。影响某种材料临界质量的因素有很多，包括它的原子核性质、形状、纯度以及它是否被中子反射层包裹，这道反射层会将逃逸的粒子弹回材料内部，从而辅助维持链式反应。临界质量最小的形状是球形。比如，一个没有反射层的铀 -235 球的临界质量是 50 千克，而铀 -233 的临界质量是 15 千克。

千吨当量（kiloton，kton）

　　一种能量单位，相当于 1000 吨的三硝基甲苯（TNT）爆炸释放的能量，约等于 4.18×10^{12} 焦耳。1000 千吨当量等于 1 兆吨当量。千吨当量用于描述核武器的破坏性威力，比如，在广岛投放的那枚原子弹产生了大约 15 千吨当量的能量，而人类引爆过的最大的核武器产生了 57 兆吨当量的能量。

CAT 扫描仪用高弗雷·亨斯菲尔德（Godfrey Hounsfield）发明的辐射密度标度来衡量人体的内部解剖学特性。

能量

就每千克释放的能量而言，木材是一种相对较差的燃料，但其优势在于树木容易种植。

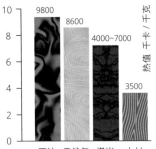

能量（energy）

衡量一个物体（无论是光量子、网球还是整个星系）影响其他物体的能力的量度。能量通常被定义为该物体做功的能力，但如果考虑到熵（无法做功的热能），这个定义就失效了。能量的形式多种多样，但所有能量都能归类为动能（与运动有关）或势能（储存在某个系统——如化学键、弹簧或高于地面的物体等——中的能量）。能量可以从一种形式转化为另一种形式，但永远无法被摧毁，也无法被创造出来。

卡路里（calorie, cal）

一种能量单位，定义为使 1 克的水在 1 个大气压下升高 1℃所需的能量。营养学中的卡路里（Calories，首字母 C 大写）是大卡，1 大卡等于 1000 卡路里（c 小写），从技术上说，它应该叫"千克－卡路里"（"千卡"的叫法也是可以接受的），因为它指的是使 1 千克水升温 1℃所需的能量。和**英热单位**一样，计算卡路里时的环境温度会影响能量的准确值。

焦耳（joule, J）

能量和功的国际单位。1 焦耳等于施加 1 **牛顿**的力经过 1 米的距离所消耗的能量，以及在此过程中所做的功；也等于使 1 库仑的电荷越过 1 伏的压差所消耗的能量；或等于在 1 秒内发 1 瓦电所需的能量。1 焦等于 0.24 卡，或略小于 1/1000 **英热单位**。

千瓦时（kilowatt-hour, kW·h）

电力公司用来衡量家庭用电量的单位。1 千瓦时相当于一台 1 千瓦的设备在 1 小时用掉的电量（或者 2 千瓦的设备半小时用掉的电量），它的值精确为 3 600 000 焦。有时候又叫 1 "度"电。

化学能（chemical energy）

　　通常只是用来形容某种化合物的键能。偶尔会用来描述某个化学反应过程中释放（或吸收）的能量，它等于所有新产生的化学键的总能量减去被破坏的化学键的总能量，但形容这个量的更合适的术语是"反应能"（reaction energy）。

燃烧热（heat of combustion）　👁

　　指材料完全燃烧，亦即燃烧物质与尽可能多的氧气发生反应时释放出来的热量。燃烧热可以用每摩尔、每单位质量或者每单位体积的材料产生的能量来衡量，它通常用于比较各种燃料的优劣（燃烧值越高，燃料品质越好）。燃烧热为负的物质在燃烧时实际上会吸收热量。

热量计（calorimeter）　👁

　　一种设备，用于测量化学反应或相变（比如融化）所释放或吸收的能量（通常为热量）。最常见的两种热量计是弹式热量计（bomb calorimeter）和差示扫描量热仪（differential scanning calorimeter），前者用于测量快速反应中的能量变化，后者测量的是能量随时间产生的变化。但为了满足各种需要，人们还设计了许多其他五花八门的热量计。

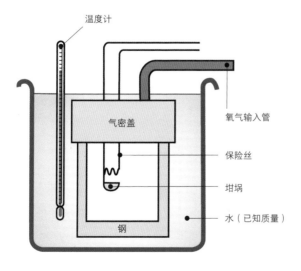

弹式热量计会计算爆炸反应或物质燃烧所释放的能量。

能量能以各种形式储存。电容器储存电能，电池储存化学势能，它只有在接入电路时才会转化为电能。

电势能

弹性势能

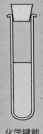

化学键能

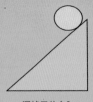

漏掉了什么？

质能转换系数（mass – energy conversion factor）

根据爱因斯坦的狭义相对论，我们可以通过一个物体的质量来衡量它包含的总能量（也就是说，质量仅仅是能量的另一种形式）。这就是著名的 $E = mc^2$，其中 E 是等价于静止质量 m（物体完全静止时的质量）的能量。核反应中释放的能量就来自这样的转换；裂变或聚变反应的生成物质量略小于反应物。

表面能（surface energy）

指打破物质内部的化学键并创建新表面所需的能量（通常以焦耳每平方米来衡量）。由于表面的原子和物质内部的原子之间存在相互作用，物质本身及其周围环境都会影响表面能的实际值——钻石和空气之间的表面能与钻石和水之间的表面能不尽相同。一般而言，物体的表面能越大，就越难破坏（但其他因素可能也会起作用）。

势能（potential energy，PE）👁

实际上，势能是指物体能释放出来（运动到一个能量较低的状态）做功的储备能量。势能的类型包括引力势能（高处的物体可以向下坠落——它的势能等于该物体的质量乘以它能够坠落的距离，再乘以引力场的强度）、弹性势能（被拉伸或压缩的材料可以弹回去）和电势能（它驱动电子在电路里流动）。化学键能也是势能的一种形式。

动能（kinetic energy）

物体因运动而具有的能量（包括热能），等于它质量的一半乘以速度的二次方。由于能量不能被摧毁，所以动能也等于将这个物体加速到当前速度——以及让它停下来——所需的能量。

力（force）

利用能量改变物体速度或形状的速率。力总是成对出现的，作用力与反作用力大小相等，方向相反——击中一堵墙的足球受到墙施加给它的力，于是球会停下来，但与此同时，它也会向墙（也就是向地球）施加一个大小相同的力。由此产生的总的变化（等于力乘以它的作用时间）有时候被称为冲量（impulse）。

牛顿（newton，N）

力的国际标准单位。1 牛顿等于使 1 千克物体产生 1 米 / 秒^2 的加速度所需的力。

达因（dyne，dyn）

一种过时的力学"小单位"，今已不常用。1 达因等于使 1 克物体产生 1 厘米 / 秒^2 的加速度所需的力。10 万达因等于 1 牛顿。

磅力（pound-force，lb-f）

1 磅重的物体所受到的地球引力，略小于 32lb·ft·s^{-2}（磅·英尺 / 二次方秒），或者约等于 4.4 牛顿。

推力（thrust） 👁

将物体推往运动目标方向的反方向，从而产生一个大小相等、方向相反的反作用力，使物体向前运动。推力与物体质量的比值越大，它产生的加速度就越大。推力通常以磅或牛顿来衡量。推力的大小等于向后推的物体的质量乘以它获得的加速度。

推进器、轮子和人都可以通过直接对周围环境施加推力来产生运动。火箭通过产生大量热气，并将它们朝相反方向加速来产生推力。

喷气推力

螺旋桨推力

火箭推力

游泳推力

一对咬合的齿轮可以用来加大扭矩（降低速度）或提高转速（降低扭矩）。

低转矩

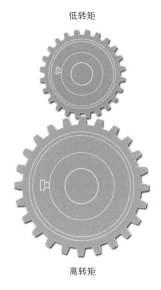

高转矩

功率计（dynamometer）

测量发动机（任何类型的）产生的功率（和扭矩），或者一台机器所需的输入功率的机器。

传动装置（gearing）

用齿轮（或者皮带、滑轮）将力从一个地方传递到另一个地方的装置，在传递力的过程中，齿轮的旋转速度（和**扭矩**）通常会变。需要注意的是，传动系统无法改变功率的量（输出功率总是略小于输入功率，因为有摩擦损失），但可以通过降低转速来增大扭矩，或者反之。

力矩（moment）👁

衡量一个力绕支点产生的旋转效果的量度，它等于这个力的大小乘以它和支点之间的距离。力矩拥有和能量相同的维度，但用不同的单位来衡量（在国际标准单位系统中，力矩的单位是牛顿·米）。1牛顿·米的力矩等于用1焦耳的能量转动1弧度产生的效果。扭矩是力矩的另一种说法，专门用于发动机和马达。

功率（power）

单位时间内使用的能量（或者做的功）的量。

瓦特（watt，W）

功率的国际标准单位，等于1焦耳每秒（或者用电气单位来描述，1安培的电流经过1伏特电势差）。出于多种原因，现代设备的功率消耗往往用千瓦来标注，商业发电则很少涉及1兆瓦以下的电量。

效率（efficiency）

在能量（和热传递）术语中，一台机器或一个过程的效率指的是输入的能量和做有效功的能量之比，以分数或百分比的形式标注。一台理想化的有着完美效率的机器（效率为1）不需要消耗任何能量就能运转，也不会向周围环境释放废热——但现实中不可能有这样的机器。内燃机的效率往往低于20%，而发电站的蒸汽涡轮机效率在35%左右。

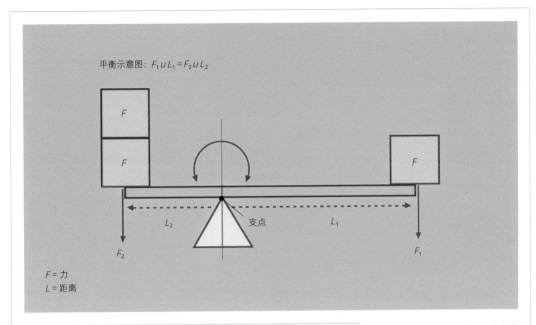

平衡示意图：$F_1 u L_1 = F_2 u L_2$

F

F

F

L_2　支点　L_1

F_2　　　　　　　　　　　　　　F_1

F = 力
L = 距离

大小不同的力可以围绕同一个支点产生大小相等、方向相反的力矩，从而相互抵消。

马力（horsepower，hp）

一个古老的功率单位，现在仍用于衡量内燃机的功率。最初由科学家詹姆斯·瓦特（James Watt）定义为一匹典型的马在一台与动力机械相连的跑步机上行走做功的平均速率，后来以数字的形式被定义为 550 英尺·磅每秒（746W）。

功（work）

通过将力施加在一段距离上而发生的物体之间的能量转换，其大小等于这个力和运动（这二者都是**矢量**）所产生的标量。如果运动和力的方向完全相同，那么功就等于力的大小乘以运动的距离。功的单位和能量一样，本质上它也是能量的一种特例。

速度和流量

速率（speed）

　　物体的运动率，等于单位时间内经过的距离。速率是一个标量，比如任何方向上的 30 英里每小时都是 30 英里每小时。

速度（velocity）

　　物体的位置随时间的变化率。它是速率的矢量，速度同时衡量了物体的运动率和运动的方向。一个物体速度的大小就是它的速率。

绕轨运行的地球同步卫星就是持续加速但速率不变的一个例子。

速度

时间

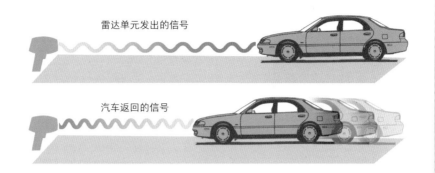

雷达单元发出的信号

汽车返回的信号

一辆车朝你运动的速度越快,多普勒效应对声波的压缩就越严重,你听到的声调也越高。

加速度（acceleration） 👁

一个物体的速率或速率随时间的变化率,以单位时间内速度的改变来衡量（加速度的国际标准单位是米每二次方秒,即 m/s^2）。速度需要**矢量**的加速度,而速率的变化是一个标量。速率的负加速度往往被称为减速度,但这个术语在描述速度时并不常用。如果矢量加速度的方向和原始的速度不完全平行,那么运动的方向会发生变化,这往往也会带来速度的变化。

米每秒（meters per second, m/s）

速率（和**速度**）的国际标准单位。1 米每秒等于 3.6 千米每小时,或者略大于 2 英里每小时。用于大部分涉及速率或速度的科学工作。

多普勒效应（Doppler effect；多普勒频移,Doppler shift） 👁

由观察者和波源之间的相对运动而引起的波频率（和波长）的显著变化。给定的相对速度对应同样的多普勒效应,即便波源或观察者之一静止不动。比如,对静立在地面上的倾听者来说,飞过头顶的飞机引擎的声音会随它的速度而变化。飞机飞近的时候,引擎发出的声波频率听起来会变高,当它飞走时则会降低。这个现象最初是由澳大利亚数学家克里斯蒂安·多普勒（Christian Doppler,1803—1853）提出的。

节（knots）

适用于船（亦可用于飞机）的速率单位。1 节等于 1 海里每小时（约 1.15 "陆地"英里每小时,或 0.51 米每秒）。飞行器的**空速**通常用节来衡量,但它们的地面速度往往用千米每小时或英里每小时来记录。

表象可能有欺骗性——月球一个月绕地球公转一周，但地球本身还在自转，这意味着一个地方每次只能看见几个小时的月亮——而不是几天。

角速度（angular velocity） 👁

旋转物体的自转速度。由于有必要指明方向（旋转的物体总是绕一根轴旋转，轴的两头保持静止），所以这个单位是一个**矢量**。它也可以用于描述一个物体绕另一个物体公转的速率，但如果公转的物体本身还在自转，情况会变得复杂起来。角速度以单位时间内旋转的角度来衡量，它的国际单位是弧度每秒。

每分钟转数（revolutions per minute，RPM）

旋转速率单位，1RPM 等于每秒 6° 的**角速度**。

动量（momentum） 👁

衡量让一个运动的物体停下来有多难的度量。动量（等于**质量乘以速度**）和**动能**（质量的一半乘以速度的二次方）不一样——一枚重 10 千克、速度为 1000 英里每小时的火箭和一辆重 1 吨、速度为 10 英里每小时的车拥有同样的动量，但火箭的动能是汽车的 100 倍。除了量级的区别，动量是一个**矢量**，动能是一个标量。所以，如果两个以相同的速度相向而行的一模一样的物体发生碰撞，然后双双停下来，它们的动量之和（碰撞前是零）不变，但动能会发生极大的变化，这些能量会转化为其他形式，比如声音、热以及物体内部结构的形变。

初速度（muzzle velocity）

子弹或其他弹药离开枪管或其他发射装置时的速率。由于缺乏方向信息（子弹总是沿着枪管纵向运动，除非发生严重故障），所以初速度一定是某个速率，而不是速度。

马赫数（Mach number）

指物体相对于周围环境的速度（譬如飞行器的**空速**）除以声速所得到的倍数。马赫数大于 1 的物体处于超声速（supersonic）状态；一旦马赫数达到 5，它就处于高超声速（hypersonic）状态。

空速（air speed）

飞行器或其他交通工具相对于周围空气的速度。由于空气和地面之间往往存在相对运动，尤其是在现代喷气式飞机飞行的高度上，所以交通工具的空速和地面速度几乎不可能一样。如果一架飞行器的巡航速度是 500 英里每小时，而且它顺风飞行，风速为 50 英里每小时，那么它的有效地面速度是 550 英里每小时。

地面速度（ground speed）

某种交通工具（通常是一架飞机或一艘船）相对于地面的速度。船也有水速（或者海速），它相当于飞机的**空速**。

终速度（terminal velocity）

坠落物体受到的空气阻力正好等于地球引力时的速度。对一个坠落的人（没使用降落伞）来说，他的终速度从四肢打开的 120 英里每小时左右到 200 英里每小时以上（流线型的"潜水"姿态）不等。

光速（speed of light，c）👁

真空中的光速，等于 299 792 458 米每秒（或约等于 6.7 亿英里每小时），根据物理学定律，光速永远不可能被超越。任何观察者测出的光相对于自己的速度都完全相同，无论他们自身相对于光源的**速度**是多少。这会带来各种稀奇古怪的效应，其中最广为人知的，可能就是运动速度接近光速的人或物体会经历明显的时空扭曲。

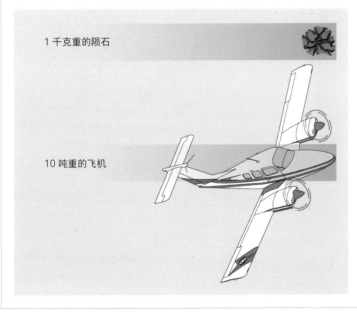

1 枚重 1 千克、以 10 000 英里每小时的速度运动的陨石和一架重 10 吨、以 1 英里每小时的速度在地面上滑行的飞机拥有相同的动量。如果这架飞机正以 150 英里每小时的速度飞行，那么要获得与它相同的动量，陨石的飞行速度需要达到 1 500 000 英里每小时。

临界速度（critical velocity）

液体或气体相对于周围环境出现紊流的最低速率。如果低于这个速率，液体或气体的流动会很"平滑"，流体的**黏性**阻止了紊流的出现。

黏性（viscosity；动态黏度，dynamic viscosity）

衡量流体（液体或气体）流动时内部及其与外部接触面之间阻力的一种量度，该阻力也被称为"流体摩擦"。（虽然固体也能流动，只是速度很慢，但这是截然不同的另一种过程——见"蠕变"词条——严格说来，固体没有黏性。）黏性不受压力影响，但它的确会随温度而变化——温度升高，气体的黏性会增加，液体的黏性则会下降。

运动黏度（kinematic viscosity）

流体的动态**黏度**除以其密度的结果。要衡量流体的行为，运动黏度可能比单纯的动态黏度更有用，尤其是在涉及引力的流动中。如果两种流体（譬如蜂蜜和机油）拥有同样的动态黏度，但密度不同，它们的行为可能很不一样——运动黏度会反映出这种区别。

理论上，在两架运动方向相反的飞机上，乘客会观察到另一架飞机上的时间流速和自己这边不一样。而在现实中，这种效应只有在飞机的运动速度非常接近光速时才会变得明显。

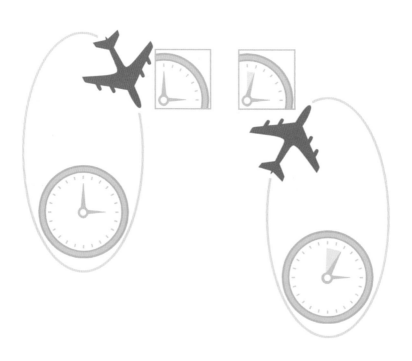

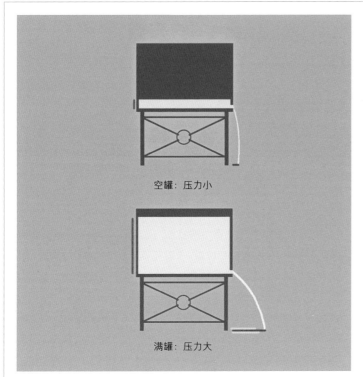

空罐：压力小

满罐：压力大

压力越大，水流过标准洞口的速度就越快。

黏度等级（viscosity grade，VG）

　　衡量黏度的几种量度之一，通常用于描述润滑剂和石油。SAE 针对机油的黏度等级，最初衡量的是固定量的机油在 100℃ 下流过一个测试孔需要花多少时间，但现在的 ISO（和 ASA）黏度等于该液体在 40℃ 时的运动黏度。黏度指数衡量的是一种液体随温度改变会发生多大的变化。

立方英尺每秒（cusec）

　　一种流速单位，等于 1 立方英尺每秒。流速的公制单位是立方米每秒，1 立方米每秒略大于 37 立方英尺每秒。

加仑每分（gallons per minute，gal/min）

　　流速的一种小单位。1 美制加仑每秒只有 0.0022 立方米每秒，所以 1 立方米每秒等于 448 加仑每分。

兆升每小时（megaliters per hour，ML/hr）

　　用于工业过程、供水系统和河流研究的一种流速单位。1 兆升每小时等于 100 万升每小时，或者约 $10\frac{1}{4}$ 立方英尺每秒。对于大型河流和超大规模的工业测量，有时候会用"兆升每分"甚至"兆升每秒"作为衡量流速的单位。

质量和重量

重量(weight) ◉

作用于物体的地球引力,在国际标准单位系统中以**牛顿**或**达因**来衡量,或者英制系统中的**磅力**。在很多科学领域,重量和质量之间有本质区别,严格说来,公制和英制系统中的基本单位(千克和磅)都是质量单位,但人们也常常笼统地用这些单位来形容物体在地球表面引力下的重量——事实上,英制系统中的"磅"就是基于这一前提而定义的。比较一下同一个物体在地球和月球上的重量,二者之间的区别就很明显了。虽然它的质量不变,但由于月球的引力更小,所以它在月球上的重量也要小得多。

质量(mass) ◉

指物体中所含物质的量。惯性质量可以衡量该物体抵抗运动状态改变的能力,引力质量衡量的则是该物体和其他物体之间的吸引力。我们今天使用的基本质量单位主要是国际标准单位系统中的"千克",英制系统和美国惯用的则是"磅"。

引力(gravity) ◉

物体之间因质量而产生的吸引力。艾萨克·牛顿(Isaac Newton,1642—1727)在其万有引力定律中首次定义了这种力,该定律宣称:"任意两个物质粒子之间都存在相互的吸引力,其大小与二者质量之积成正比,与二者之间的距离成反比。"用公式来表达的话,就是 $F = G(m_1 m_2 / d^2)$,其中 F 是物体 m_1 和 m_2 之间的引力,d 是二者之间的距离;G 是引力常数,它等于 $6.6732 \times 10^{-11} nm^2 kg^{-2}$。

g(g)

自由落体因引力而产生的加速度的符号,它也被笼统地当成一个加速度单位来使用,在地球表面上,1g 等于 9.806 65 米每平方秒（约 32.174 05 英尺每平方秒），但在现实中，海拔和纬度都会影响 g 的值。

密度（density，ρ）

物体的质量与其体积之比。密度以单位体积质量的形式来描述，例如千克每立方米，或者磅每立方英尺。

重心（center of gravity）

指一个物体上所有粒子受到的引力合力所作用的那个点。在均匀的引力场中，重心等同于**质量中心**（简称"质心"）：为了易于计算，我们可以认为物体的所有质量都集中在这个点上。

金衡重量系统（troy weight system）

一套古老的重量系统，目前仍部分应用于英国和北美的珠宝交易中。

常衡重量系统（avoirdupois weight system）

自 14 世纪起在英国开始使用，持续至 20 世纪 60 年代公制单位引入后，逐渐退出主流重量计量舞台的系统。直到今天，它仍广泛应用于英语国家。这套系统的基本单位是**磅**（lb），该术语来自古法语中的"avoir du pois"（意思是"有重量"）。

药衡重量系统（apothecaries' weight system）

最初由 17 世纪的药剂师用于衡量极小重量的系统。它和金衡重量系统的区别在于，药衡重量系统对金衡盎司（在这套系统里叫"药衡盎司"）做了进一步的细分。药衡盎司被细分为**打兰**（或"德拉姆"）、**吩**和**格令**。

吨（tonne，t）

国际标准质量单位，1 吨等于 1000 千克。为了区别于英制的**英吨**（二者的值十分相近）和美吨，它有时候又被叫作公吨或公制吨。

吨（ton）

英制和美国惯用单位系统中的一个质量或重量单位，但这两个系统中"吨"的值各不相同。英国通用的英吨又叫长吨，1 英

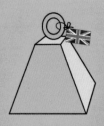

英制系统

常衡单位:

1 盎司 (oz) = 16 德拉姆	= 438.5 格令
1 磅 (lb) = 256 德拉姆 = 16 盎司	= 7000 格令
1 英石	= 14 磅
1 夸特	= 2 英石
1 森托	= 100 磅
1 英担 (cwt)	= 112 磅
1 英吨 (或 "长吨")	= 2240 磅

金衡单位:

1 英钱	= 24 格令
1 金衡盎司 (oz tr)	= 480 格令
	= 20 英钱
1 金衡磅 (lb tr)	= 12 金衡盎司

药衡单位:

1 药衡磅	= 12 药衡盎司
1 药衡盎司	= 24 吩
1 打兰 (在美国写作 "德拉姆")	= 3 吩
1 吩	= 20 格令

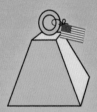

美国惯用单位系统

常衡单位:

1 德拉姆	= 27.34 格令
1 盎司 (oz)	= 16 德拉姆
1 磅 (lb)	= 16 盎司
1 美担 (或 "短担")	= 100 磅
1 美吨 (或 "短吨")	= 2000 磅

金衡单位:

1 美钱	= 24 格令
1 金衡盎司 (oz t)	= 20 美钱
1 金衡磅 (lb t)	= 12 金衡盎司

吨等于 2240 磅（1016.0416 千克）；而美吨，或者说短吨，等于 2000 磅（907.184 74 千克）。历史上吨也曾被用作体积单位，尤其是在干货物的船运中。

英担（hundredweight，cwt）

英制和美国惯用单位系统中用于表示质量或重量的单位，但和吨（"英担"是它的子单位）一样，它在这两套系统中的值也不一样。在英国和其他很多英语国家，1 英担等于 112 磅，或者 1/20（长）吨（50.802 08 千克），但近年来北美产生了一种名叫"短英担"的单位，它等于 1/20 短吨（100 磅或 45.359 237 千克）。

英石（stone）👁

一个主要在英国使用的重量单位，1 英石等于 14 磅。如今它基本只用于描述体重，但哪怕在这个领域，它也正在被千克取代。

千克（kilogram）

国际单位制的基本质量单位，七个基本单位之一，其他所有单位都是从这七个单位导出的。"千克"是一个单纯的质量单位，而不是表示重量或力的单位，这和传统系统中的那些基本单位不一样，后者往往是三个量通用的。2019 年之前，"千克"是用法国塞夫尔的国际计量局存放的一个铂铱合金圆柱体来定义的。但

虽然推行了公制，但在英国，人们仍普遍用英石和磅来描述体重。

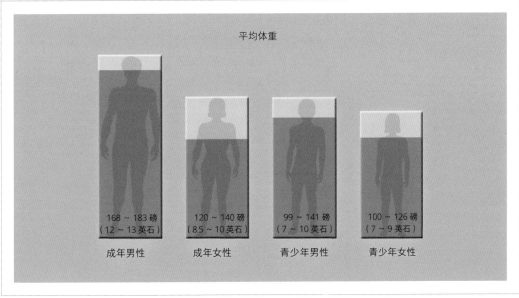

平均体重

168～183 磅（12～13 英石）	120～140 磅（8.5～10 英石）	99～141 磅（7～10 英石）	100～126 磅（7～9 英石）
成年男性	成年女性	青少年男性	青少年女性

谢克尔是古代中东地区常见的一种重量单位,但如今它更为人所知的可能是作为希伯来人使用的同重量货币。

谢克尔的估计重量　　　　　　　　　　　　16.33 克

克

16
12
8
4

8.4 克

现在,这个单位由秒、米和几个自然基本常数来定义。

磅(pound, lb)

　　英制和美国惯用单位系统中的基本质量单位,1 磅等于 0.453 592 37 千克。对磅这个单位的使用可追溯到古罗马时期,当时"libra pondo"(1 磅重量)是一个常用单位,欧洲很多传统重量单位都是从它衍生出来的;磅的缩写"lb"也来自"libra"这个词源。英制和美制的常衡磅都分为 16 盎司,而不是像罗马磅和南欧通用的类似单位那样分成 12 盎司。基本已被淘汰的金衡磅和药衡磅在数值上完全相同,都等于 144/175 常衡磅,或者说 0.373 242 千克。还有一个衍生单位是**磅力**,缩写为 lbf,它是一个表示力的单位,而不是质量单位:1 磅力等于 4.448 221 615 牛顿。

罗马磅(libra)

　　古罗马的一个重量单位,如今地中海地区和许多说西班牙语的国家仍在非正式地使用它。正如"天秤座"这个名字和所对应的星座符号一样,拉丁语"libra"这个词最初指的是测量重量的天平。这个单位有许多不同的值,但大致等于 0.722 英磅(0.327 45 千克),1 罗马磅又分为 12 罗马盎司(uncia)。法国人称之为"livre",他们的这个单位差不多正好等于 500 克。

谢克尔(shekel)👁

　　古巴比伦的一种重量单位,在中东地区广泛使用,也传到了古希伯来。它确切的大小仍有争议,但大致是 8 ~ 16 克。有资料言之凿凿地表示它的值是精确的 252 格令(约 16.33 克),还有一些资料则认为 1 谢克尔等于 8.4 克。谢克尔也是一种希伯来硬币，它的重量就等于这个单位的值。

钱重（penny-weight）

金衡系统的一个重量单位，1 钱等于 24 格令，或者 1/20 金衡盎司（1.552 克）。

克（gram，g）

国际单位制中一个小的重量单位，曾是公制系统（名叫 CGS 系统，即厘米－克－秒）的基本质量单位，但现在，它被定义为国际千克原器的 1/1000。这个单位来自希腊语中的 "gramma"，它的值约等于罗马的吩。如今偶尔仍能看到它在法语中的原始拼写 "gramme"，但在国际上已经得不到认可。

格令（grain）

英制和美国惯用单位系统中一个小的重量单位。它的名字来源于早期的定义：1 格令相当于一颗小麦或大麦籽粒的重量。它实际上是英制系统的原始重量单位，因为各语境下的"磅"都是用它来定义的：1 常衡磅 =7000 格令，1 **金衡磅** =5760 格令。格令这个术语也用于珠宝贸易，1 格令等于 1/4 **克拉**（50 毫克）；在这个语境下，它有时候又被称为"珍珠格令"（pearl grain），因为人们用它来衡量珍珠的重量。

分（point）

衡量宝石质量的一个小单位，1 分等于 1/100 克拉（2 毫克）。

技术和娱乐

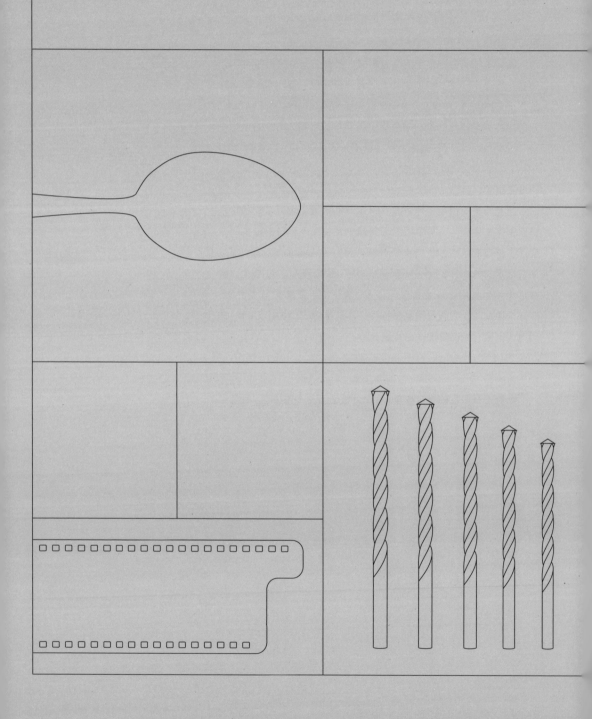

计算机和通信

"千"（kibi-）

一个不常见但准确的前缀，用于解决计算机术语中的一个冲突。之所以会出现这个问题，是因为很多计算机组件（如内存）在逻辑展开时用的是二进制而非十进制。因此，虽然"千"（kilo-）这个前缀通常指的是 1000，但"千比特"内存指的是二进制中最接近 1000 的数字，也就是 2^{10}，或者说 1024 比特。数字越大，十进制整数与最接近它的二进制数之间的差值也越大，这可能在各组件之间引起混淆和算力描述的冲突。因此，1998 年，国际电工委员会（International Electrotechnical Commission, IEC）提出了一套新的前缀来定义 2 的幂 [千 (kibi-)=2^{10}，兆 (mebi-)=2^{20}，吉 (gibi-)=2^{30}，以此类推]，以调和两种进制之间的冲突，但这些前缀尚未得到广泛认可。

比特（bit，b） 👁

计算机内存的最小单位，1 比特相当于二进制（以 2 为底）计数系统中的一个 1 或者 0。它之所以得到如此普遍的应用，是因为在这套系统中，所有数字的值只需要用两个区别明显的特性（电荷、电流、激光，还有其他很多特性）就能清晰地表示出来。大部分现代计算机基于更大的分组来处理比特，例如**字节**，但内存较小的"内嵌式"高科技系统（如工业机器人）可能会利用一位一位的比特值来追踪简单的开 / 关状态。

大端序（big-endian，从最大的位数开始）和小端序（little-endian，从最小的位数开始）数字各有用途，但同样的比特组合在这两种排序下所代表的数字大不相同。[1]

1. 在二进制下，大端序读数字时从左向右读，小端序则从右向左读，比如"1000"的小端序实际上等同于大端序的"0001"。

二进制数字	十进制等效数字（大端序）	十进制等效数字（小端序）
1000	8	1
0001	1	8
00000001	1	128
10010001	145	137
1110	14	7
111110	62	31
011111	31	62
1111	15	15

端序（endianness）

指电子元件解释一个由多个比特组成的二进制数时的方向。系统可以是大端序的，最左边的数位代表 2 的最高次幂，和正常的整数一样；也可以是小端序的，也就是第一位数代表 2 的最低次幂。

字节（byte，B）

一个字节相当于一组 8 个数位，以整组的方式记录（和运行）。因此，一个字节有 256（2^8）种可能的值，在大部分情况下，它用来代表从 0 到 255（或者从 −127 到 +128）这 256 个十进制数。

半字节（nybble，nibble）

半字节相当于一串 4 位二进制数，或者说半个字节，它有 16 种可能的值。

字（word）

一种内存单位，计算机中央处理单元（central processing unit，CPU）以它为单位处理数据，并和主内存互相交换数据。就不同类型的计算机来说，每个字的大小可能很不一样，但大部分现代个人计算机是基于 64 位的处理器来搭建的。

浮点（floating point）　👁

一个浮点数实际上是两个存储在一起的数，每个数分别占据一个固定的位数，具体多少位取决于计算机的类型和使用的编程语言。这两个数字分别代表一个十进制整数和一个 2 的幂，二者相乘就是浮点数的值。虽然这套系统能用相对紧凑的空间存储相当大范围的数字，但它存储的数字只是一个近似值。当你用小数字相加得到一个大数字时，或者数字的最后几位非常重要时，这就会带来问题，因为浮点系统可能无法区分 1 000 000 000 和 1 000 000 004。

字符（character）

一个字母、数字、标点符号或者类似的东西。现代计算机系统用一套名叫 ASCII（American Standard Code for Information Interchange，美国信息交换标准代码）的编码系统来代表各种字符。电传打字机利用电脉冲通过电报线来收发信号，为了满足

该表格利用一个 3 位的十进制数（从 −999 到 +999）和 10 的 +3 到 −3 次幂来展现浮点数如何运行。正如你能看到的，在这个有些极端的例子里，我们无法存储 4002（或者 4.002）这样的数字。

整数	10 的几次幂	存储的数字的值
42	0	42.0
42	+2	4200
42	−2	0.42
426	−2	4.26
−426	−2	−4.26
426	+1	4260
427	+1	4270
−427	+1	−4270
427	+3	427000
427	−3	0.427
4	−3	0.004
4	+3	4000

1 8 dpi
2 16 dpi
3 32 dpi
4 64 dpi
5 128 dpi
6 256 dpi

这一需求，人们研发出了最初的 ASCII 系统，它用 7 个比特（128 种可能值）来代表英语字母表中的大小写字母、0 到 9 的数字以及各种标点符号（包括 33 个不会打印出来的值，它们是机器的控制代码）。从 20 世纪 90 年代开始，ASCII 本身逐渐被更灵活的统一编码（Unicode）系统所取代，后者使用 2 个或者更多的字节，以纳入来自其他语言的大量字符、读音符号和其他符号。

串（string）

"串"在一起的字符序列，计算机程序中存储文本的常用方式。这个术语有时候也用来（和合适的修饰词一起）指代其他有联系的存储单元序列，比如"二进制串"指的就是一串数位。

分辨率（resolution）　👁

一幅图片或一块屏幕所展示的细节的量。分辨率越高，图片看起来就越清晰，它在变模糊之前能放大的倍数也越多。一台计算机显示器有自己"原生的"分辨率，因为显示界面由大量像素点组成，但这台显示器也能根据需要展现其他分辨率。但这些"非原生的"分辨率看起来可能有些模糊，或者有锯齿（尤其是在 LCD 显示器上），因为一个像素点不可能分成几个部分，以及分别显示不同的颜色。

每英寸点数（DPI, Dots Per Inch）

衡量扫描仪和印刷图片分辨率的标准量度。正如你所期望的，每英寸点数代表的是扫描仪在每英寸的长度上使用多少个点来记录颜色，或者打印机在每英寸的长度上使用多少个墨点。由于这是个线性量度，而图片覆盖的是一块区域，所以以 DPI 为单位的分辨率增加 1 倍，扫描后的图片文件尺寸就会变成原来的 4 倍（或者打印出来的图片尺寸就会缩小到原来的 1/4)。

像素（pixel）

计算机（或者其他数码系统）内存中或者屏幕上的显示单元——这个名字是"图片元素"（picture element）的缩写。

立体像素（voxel）👁

像素的三维等价物，广泛应用于展现科学数据（比如 MRI 扫描之类的医学成像），有时候在特定类型的计算机游戏中也会用到，但没那么常见。

基准测试 / 标杆测试（benchmark/specmark）

被设计用于测量计算机系统（或其组件之一）速度的一套（或者一系列）标准测试。基准测试让我们得以比较不同的产品在完成相同任务时的表现。SPEC（the Standards Performance Evaluation Corporation，标准性能评估机构）基准测试经过严密的设计，用于模拟实际的使用情况。

每秒百万条指令（Millions of Instructions Per Second，MIPS）

一种衡量计算机 CPU 速度的指标，存在很明显的缺陷，特别是它仅使用整数指令。根据设计，不同的处理器在执行相同任务时所使用的指令数不同，制造商通常会用一套选定的程序和语言来计算处理器的速度，他们有时候甚至会通过针对性的设计，以产生较高的 MIPS 结果。

每秒浮点运算速度（Floating point Operations Per Second,FLOPS）

以浮点数来衡量的 MIPS 的等效指标，在衡量 CPU 的真实性

以立体像素的形式来储存三维信息，这让医学成像人员能以任意角度检查任意一个截面。

无线电频谱分区

甚低频（VLF）3 ～ 30 kHz
无线电导航、时间信号以及类似的简单广播

低频（LF）30 ～ 300 kHz
飞行器导航、一部分 AM（调幅）无线电广播（欧洲）、业余无线电台（欧洲）和美国的实验用"迷失波段"（lost band）

中频（MF）300 ～ 3000 kHz
大部分调幅无线电台属于这个波段

高频（HF）3 ～ 30 MHz
用途广泛，包括国际广播、业余无线电台(美国)和间谍通信用的"数字"站

甚高频（VHF）30 ～ 300 MHz
调频无线电台、电视台、双向无线电通信以及 VOR（甚高频全向信标）飞行器导航系统

特高频（UHF）300 ～ 3000 MHz
移动电话网络和电视广播，包括高清电视

超高频（SHF）3 ～ 30 GHz
雷达、卫星通信、无线计算机网络

能时只比 MIPS 略有用一些。超级计算机的速度通常以每秒万亿次浮点运算数（比十亿次 FLOPS 大很多倍）来衡量，比如索尼在 2013 年出品的 PlayStation4 游戏控制器峰值性能达到了 1.84 万亿次浮点运算（TFLOPS），而在 2020 年出品的 PlayStation5 则能达到 10.28 万亿次浮点运算。

波特（baud）

数码通信中带宽（数据传输速度）的基本单位，等于 1 比特每秒。较低的传输速度有时候也用字节（或字符）每秒来表示，而较高的传输速度（例如有线或光纤调制解调器）通常以兆比特每秒为单位，这样写出来的数字比以字节为单位的时候更大（例如 1Mb 只有 125 千字节）。

比特率（bit rate）

衡量数据传输或处理速率的单位，实际上相当于波特，但在数码技术中应用的范围更广（比如电视信号、硬盘速度、蓝光和其他光盘技术的读写速度），哪怕在电信领域，它也在一定程度上取代了"波特"这个比较老的术语。蜂窝电话网络的 4G（第四代）标准能达到 1Gb/s 左右的峰值数据下载速率，而且根据预期，更新的 5G 网络一旦完全部署，速度还会提升 10 倍。作为比较，4K 和超高清蓝牙播放器能以约 100Gb/s 的速度通过 HDMI 缆线向电视传输数据。与此同时，流媒体 4K 电影利用压缩算法将所需的比特率降低到了 16Mb/s 左右，甚至更低。

带宽（bandwidth）　👁

电信领域中分配给一个专门用途的频率范围。比如，中波收音机的带宽一般是 10kHz，每个频道之间有 5kHz 的空带宽（人们通过调节无线电波的振幅或强度来传输信号）。在数码应用中，人们利用一种名叫"多路复用"（multiplexing）的技术，在可用的带宽内以不同的频率传输多个数据流。

厄兰（erlang）

通话流量单位。1 厄兰相当于一个人连续不断地使用这条线路（每小时通话 1 小时）。如果一条线路的带宽足以同时进行 10 次通话，用掉一半带宽意味着通话流量是 5 厄兰。

衰减（attenuation）

信号（包括无线电波、电流、激光和地震波）从一个地方传

输到另一个地方的过程中减少的量，通常以分贝每单位距离来衡量。在现代通信网络中，衰减是一个常见问题（但玻璃光纤的衰减问题比传统铜缆要小一些），这样的网络往往需要定期设置"中继器"来放大信号。

频率响应（frequency response）👁

指系统以特定频率复现输入信号的准确度。从理论上说，它适用于任何设备，但一般只用于电子设备（尤其是用于声音的复现）。通常表达为分贝随频段的变化，意思是这台设备能在指定的变化范围内复现该频段内的任何信号。

无线电频带（radio frequency bands）

"无线电频谱"（包括波长大于红外线的所有电磁波）被分为一系列频带，其中每个频带都被分配了特定的用途。

振铃等效数（Ringer Equivalency Number，REN）

衡量让一部电话（或者其他设备）振铃需要多少能量的指标。一般而言，接入一条普通家用电话线路的最大 REN 总数大约是 4 或 5，如果超过这个总数，电话可能根本不会振铃。

基低频
3 ~ 30 kHz

低频
30 ~ 300 kHz

中频
300 ~ 3000 kHz

除了正常的信号，无线电天线还能探测到宇宙诞生之初"残留"下来的微波背景辐射。

强度（strength）

　　材料承受**压力**的能力，以每单位面积的力来衡量。有时候也适用于结构，在这种情况下，强度衡量的是该结构应对载荷（作用于结构的外力）的能力。

硬度（hardness）　👁

　　材料抵抗压刻、刮擦或磨损的能力。硬度的测量可以通过多种不同的方式来进行。洛氏硬度试验（Rockwell Hardness test）采用锥形金刚石（或称为"压头"）、硬钢珠或者其他物体以10千克的力去钻压受试材料，然后加大载荷，最多可达150千克，并测量受试材料的凹陷程度。**布氏硬度试验**（Brinell Hardness test）使用的压头是硬钢珠或碳化物珠，它的载荷比洛氏硬度试验大得多——高达3000千克——并需保持一定的时间，具体取决于受试材料的品种。

韧度（toughness）

　　材料承受冲击的能力，取决于压力在材料内的分布和冲击造成的应变。韧度的反义词是脆度。钢和其他金属的韧度可以通过**夏比冲击试验**来衡量。

此处使用洛氏硬度试验，永久压痕深度是指在大载荷移除后（但初始小载荷仍保留在压头上），试样表面所留下的压痕深度。

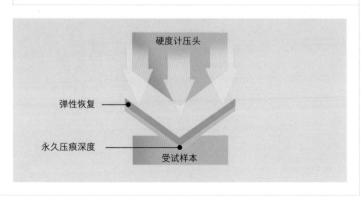

硬度计压头

弹性恢复

永久压痕深度

受试样本

应力（stress）

作用于物体，使之产生应变或形变的一个力，或者一系列的力。应力以单位面积上的力来定义，可以表达为千克每平方毫米。应力有多种形式，其中值得一提的包括剪切应力（作用方向平行于物体表面，导致物体形状改变，但体积不变）和拉伸应力（导致物体体积或长度增加，或者这两个量都增加）。应力的国际标准单位是**帕斯卡**。在美国，磅每平方英寸也很常用。

应变（strain）

由**应力**引起的形变的量，以物体在受力后的长度变化和原始长度之比来衡量。样本在接受拉伸测试时会发生变化，所以必须使用一个更准确的量度，即"真应变"（true strain）。这需要取多个"瞬时"测量值，然后把它们加到一起。

帕斯卡（pascal）

压力或应力的国际标准单位，等于 1 牛顿每平方米（1.45×10^{-4} 磅每平方英寸）。

标准大气压（standard atmospheric pressure）

指在标准大气条件下海平面的气压，最初由 0 ℃下 760 毫米高的汞柱压强计算得出，现在被定义为 1 个大气压或 101.325 千帕。

拉力（tension）

通过拉伸施加给某个物体或材料，使之体积或长度增加，或者二者都增加的力。施加拉力直至物体断裂，被称为拉伸试验。

压缩（compression） 👁

拉力的反义词，指"挤压"某个物体或材料，使之体积减小的过程。对金属来说，压缩试验的结果往往和拉伸试验一样，但对其他材料而言，例如高分子聚合物，情况并非如此。"压缩"这个术语在应用于内燃发动机时有特定的含义，它指的是在燃烧前压缩空气和燃料的混合物。压缩比表示气缸内的最大体积和活塞压缩到最大限度时的最小体积之比。

内燃发动机的压缩率：活塞压缩到最大限度时（上图）的体积和最低限度（下图）时的体积之比。

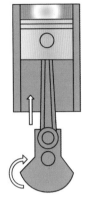

压缩冲程

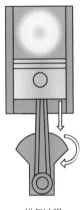

排气冲程

弹性（elasticity；弹性形变，elastic deformation）

材料在受到**拉力**或**压缩**后恢复初始形状的能力。橡胶之类的材料拥有很强的弹性，可以轻松恢复初始形态，不过一旦超过了**弹性极限**，即便是橡胶最终也会变形。

滞后现象（hysteresis）

应变的程度不仅取决于当前的应力，此前受到的应力也有影响。情况一，物体受到一个较大的应力，然后移除一部分；情况二，物体直接受力，其大小等于情况一所描述的在移除一部分后残余的应力。大部分材料在情况一的条件下产生的应变都大于情况二。如果完全移除应力，那么该材料可能会——也可能不会——恢复原来的形状。滞后现象也适用于磁力；如果将一些物体放进磁场再取出来，物体内会残留一部分磁性。

弹性极限（elastic limit）

有弹性的材料承受**拉力**但不产生永久性形变的极限。

弹性模量（elastic modulus）

特定条件下的应力与应变之比。对一些材料来说，在达到**弹性极限**之前，往往具有几个明显的弹性阶段，每个阶段内的弹性模量均是常数。杨氏模量衡量的是拉伸模量，它是用单位面积承

莫氏硬度表中每种材料对应的数字并不代表它们相互之间的硬度比例。

10	金刚石
9	刚玉
8	黄玉
7	石英
6	长石
5	磷灰石
4	萤石
3	方解石
2	石膏
1	滑石

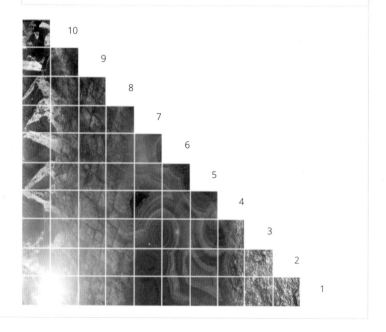

受的拉力除以单位长度的长度变化而得出的；剪切模量是用单位面积的剪切力除以扭转角度计算得出的；体积模量是用单位面积的压缩力除以单位体积的体积变化得出的。

极限抗拉强度（ultimate tensile strength）

某种材料或物体在达到断裂点时承受的拉力。与之配套的术语是"极限拉伸应力"和"极限拉伸应变"，它们分别指的是达到断裂点时的**应力值**和**应变值**。

蠕变（creep）

材料或物体在持续应力下所产生的缓慢的形变。蠕变通常有三个阶段："初始蠕变"（primary creep），在这个阶段内应变或形变会随时间快速增加；"第二期蠕变"（secondary creep），应变随时间缓慢增加；"第三期蠕变"（tertiary creep），蠕变率再次增长，最终达到断裂点。

格里菲思临界裂纹长度（Griffith crack length）

材料在最终彻底断裂前能耐受的最大裂纹长度。在大型结构中，这个临界裂纹长度越大越好，因为长的裂纹更容易被发现，因此人们更有机会发现哪些区域有潜在的风险。

莫氏硬度表（Mohs hardness scale）　●

由德国矿物学家弗里德里希·莫斯（Friedrich Mohs，1773—1839）发明的一种相对粗糙但实用的方法，通过刮擦矿物质来比较它们的硬度，或者说耐磨度。它并非那种刻度尺式的测量工具，而是一种由 10 种材料组成的列表，这些材料按照硬度从低到高排序。这份列表中的每种矿物质都通过互相摩擦进行测试：如果一种矿物质能在另一种矿物质上留下擦痕，那它就比后者硬；反之则较软。

维氏硬度试验（Vickers hardness test）

用一块方底金字塔形金刚石按压一块金属以测试其**硬度**的试验。施加的载荷介于 1 千克到 100 千克，施压时间 10 ~ 15 秒。压痕尺寸代表这种金属的硬度——压痕越小，金属越硬。

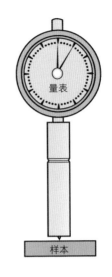

邵氏硬度试验会用到硬度计。刻度代表受试材料的压痕深度。

量表

样本

在这台三点式弯曲测试仪中，弯曲的程度通过压力中心点的表盘来测量。

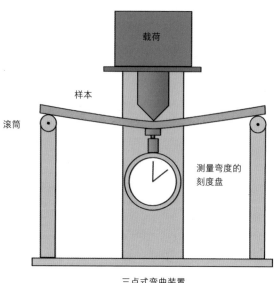

载荷

样本

滚筒

测量弯度的刻度盘

三点式弯曲装置

邵氏硬度试验（Shore hardness test）👁

测试橡胶和弹性材料硬度的一种试验。用硬质压头按压材料，然后测量按压的深度。

夏比冲击试验（Charpy impact test）

一种测量冲击韧性的不成熟的试验，之所以还在使用，是因为在质量控制决策中，它是一个性价比很高的有用的指标。夏比冲击试验通常用于评估金属的韧度，但类似的测试也适用于其他材料。在测试中，人们会在金属片中间做好记号，并固定其两端，然后用一个摆锤将它打碎。这个过程吸收的能量以焦耳为单位来衡量，它代表该材料的冲击强度。与此类似的伊佐德冲击试验（Izod impact test）也会用到摆锤，但样本的固定点在底部，而摆锤击打的是它的顶部。

弯曲测试（bend test）👁

这种测试通常用来检测金属是否足以耐受弯曲而不断裂。板状、条状、盘状或线状的材料都可以做弯曲测试，每种形状的适用标准各不相同，但一般来说，标准样本会被弯折到一个特定的弧度，如果样本是条形的，人们会记录晶粒流动的方向，以及弯折方向与流动方向是相同还是相交。

摩擦力（friction）

有接触的两种物体之间阻挡它们相互滑动或滚动的力。摩擦系数是衡量摩擦力的一种度量衡，如果两种物体很容易互相滑动，那它们之间的摩擦系数就很低；如果两种物体很难发生相对运动，它们的摩擦系数就很高。接触面的大小不影响摩擦系数。

摩擦计（tribometer）

测量相互滑动或滚动的两种材料之间阻力的一种设备。换句话说，这是一种测量摩擦力的设备。

SAE 机油等级（SAE oil grades）

润滑油的各种等级。这套系统由美国汽车工程师学会（American Society of Automotive Engineers，SAE）设计，根据黏度将机油分为不同的等级。轻质油是 10SAE 级，重质油则是 40SAE 级。

磅每平方英寸（pounds per square inch，psi）

衡量压力或应力的英制或习惯制（常衡）单位。1psi 等于 6.895 千帕。如今这个单位在美国仍然常见。

基盒（base box）

衡量镀锡板（俗称"马口铁"）或者其他金属镀层（如镀锌层）厚度的单位。它相当于由 112 张金属片（每张尺寸为 14 英寸 × 20 英寸，总共 31 360 平方英寸）组成的面积。一个基盒的重量（单位为磅）被称为"基重"（base weight）。

轮胎尺寸（tire sizes）

轮胎胎壁上的记号，标明了轮胎和轮毂的尺寸信息。轮胎尺寸现在已经标准化，主要信息以"215/65 × 15"的形式标记，其中 215 是轮胎的宽度（单位为毫米），65 是纵横比（高度与宽度之比），15 是轮毂的尺寸（单位为英寸）。

钻头尺寸（drill sizes）👁

钻头尺寸指钻头的直径，其尺寸繁多，既有公制的也有英制的。英制系统有一系列数字，从 1 到 80 不等，尺寸最大的 1 号钻头是 0.2280 英寸，数字越大，尺寸越小，80 号钻头只有 0.0135 英寸。比 1 号更大的钻头用字母来标记，最小的 A 号钻头尺寸是 0.2340 英寸。公制的尺寸以毫米为单位。

钻头尺寸之所以种类繁多，是因为某些地方需要非常精准的尺寸。

1　1/2 = 0.500
2　1/4 = 0.250
3　1/8 = 0.125
4　1/16 = 0.0625
5　1/32 = 0.313

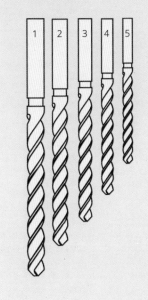

财务和货币

前十进制时代的英国货币（pre-decimal British currency）

在 1971 年引入十进制之前，英国的货币"英镑"被分为 20 先令（shilling，用首字母"s"表示，符号为"/-"），1 先令又分为 12 便士（pence，用拉丁词源"denarius"的首字母"d"表示）。便士还可以进一步分为半便士（halfpenny）和法新（farthing，四分之一便士）。纸币的面额有 10 先令、1 镑、5 镑、10 镑和更大的。历史上还发行过 1 镑的金币，人们称之为金镑（sovereign）。曾经还有另一种名叫"基尼"（guinea）的硬币，价值 1 英镑 1 先令。

罗马硬币（Roman coins）

罗马硬币在整个庞大的罗马帝国内发行，即便在帝国衰落后，有的硬币仍在继续使用。在帝国的疆域外，这些硬币也是很有用的等价交换物。为了将硬币标准化，奥古斯都大帝用 4 种不同的金属（金、银、黄铜和铜）铸造了 7 种面额的硬币 [分别是奥里斯（aureus）、第纳尔（denarius）、赛斯特提乌斯（sestertius）、杜邦迪乌斯（dupondius）、阿斯（as）、瑟密斯（semis）和奎德伦（quadrans）]。

希腊硬币（Greek coins）

不同于罗马硬币，希腊硬币并未实现标准化，因为各个城邦都发行了各自的货币，它们的设计也各不相同。斯达特（stater）金币是基本单位之一。也有银质的斯达特币，通常某一城邦发行的主币——（银）德拉克马（drachm）就被称为斯塔特。德拉克马硬币存在多种价值倍数，比如四德拉克马（tetradrachm）等于 4 个德拉克马。但德拉克马的面值太大，并不实用。与此类似，欧宝（obol）也是因为面值太大（而且尺寸太小），在日常交易中用处不大。

铜钱（cash）

最早的低价值中国硬币，中间有一个方孔，最早出现于公元前4世纪，此后数千年里中国一直有规律地发行铜钱。铜钱也有大面额的：当二钱、当五钱和当十钱。这种硬币的中国名字叫作"钱"（tsien）。这个词也可以指代印度和印度尼西亚的低值硬币，但它和英语中指代"现金"的"cash"有什么联系，人们对此尚有争议。

克鲁格金币（krugerrand）

一种仅用于投资的南非金币，首次发行于1967年。1个克鲁格金币含有1金衡盎司的黄金。它得名于南非共和国的第一任总统保罗·克鲁格（Paul Kruger），他的头像就印在这种硬币上。

金路易（louis d'or）

常常简写为"路易"（louis，有时在国际上也被称为"皮斯托尔"，pistole），法国的一种古金币，价值10里弗（livres）。最初发行于1640年，国王路易十三统治时期，直到1789年法国大革命之前，法国人一直在铸造这种金币。

拿破仑金币（napoleon）

一种价值20法郎的金币，最初发行于拿破仑·波拿巴的时代，在第二帝国的拿破仑三世统治时期仍有发行。

八实银币（piece of eight）

南美洲和北美洲殖民地时期的一种硬币，它的名字来自英语化的"比索"（peso），而后者又出自西班牙语中的"pesa"，意思是"重量"，而且1比索实际上价值8雷亚尔。在北美洲，八实银币又被称为"美元"（dollar）。

塔勒（thaler）

发行于德国、澳大利亚和瑞士的一种银币。"塔勒"是英文"Joachimsthaler"的简写，而这个词语又来自一个名叫"Joachimsthal"的小镇，这种硬币最初的铸造地，如今位于捷克共和国境内。"美元"（dollar）这个单词就是从"thaler"衍生出来的。

前十进制时代的英国硬币和纸币，以及它们的昵称

法新	1/4便士
半便士（"半便"）	1/2便士
1便士	1d
3便士 （"3便"，"仨便"， "仨便点"）	3d
6便士（"坦纳"）	6d
1先令（"鲍勃"）	1s， 1/-
1弗洛林（"2鲍勃"）	2s， 2/-
半克朗 （"2先6便"）	2s 6d， 2/6
1克朗	5s， 5/-
10先令纸币 （"10鲍勃纸币"）	10s， 10/-
1镑纸币（"块"）	1英镑
5镑纸币（"5块"）	5英镑
10镑纸币 （"10块"）	10英镑

塔兰特和迈纳（talent and mina）

塔兰特是一个古老的货币单位，因《圣经》故事而为人所熟知，但古希腊人也用过这种货币。一个塔兰特可以换 60 个迈纳，这两个单位也可以用来衡量重量。

瑟奎因（sequin）

又叫"泽奇诺"（zecchino），意大利各城邦、马耳他和土耳其的多种金币都叫这个名字。因为它们闪闪发光的外表，所以"sequin"这个词也被用于描述贴在衣物上的小亮片。

凭证（scrip）

在股权交易中使用的一种证明，也可用于指代以红利形式派发的股份。此外，这个术语有时也用于指代不被视为官方货币的纸币——可能是在战争期间，或是在恶性通货膨胀期间，以前的银行纸币迅速失效后临时发行的钞票。

金本位（gold standard）

将货币价值与一定数量的黄金联系起来的制度，这种制度曾经很普遍，但现在已经不再使用。历史上 1 美元或者 1 英镑都相当于一定价值的黄金。美元与金本位脱钩以及随后的贬值引发了1971—1972 年的布雷顿森林汇率体系崩盘。

汇率（exchange rate）

指一种货币兑换为另一种货币的比率。在实践中，购入和卖出汇率有一点差别，银行和货币兑换机构在换汇时一般会收取手续费。从第二次世界大战结束到 1972 年，汇率由布雷顿森林协议控制，但世界各国经济的强弱差别太大，使得这套体系难以为继。如今汇率可以"浮动"，不同货币之间的汇率会根据市场供求关系自由调整，但有时候国家中央银行会介入，通过购入或卖出货币来影响汇率。

消费者物价指数（consumer price index）　👁

一个囊括了日常消费项目的"篮子"，这些物品价格变化的总和可以反映出经济体中普通家庭生活成本的变化。消费者物价指数和通货膨胀率紧密相关，尽管后者可能还包括一些不会影响所有家庭的项目，比如按揭贷款利率。

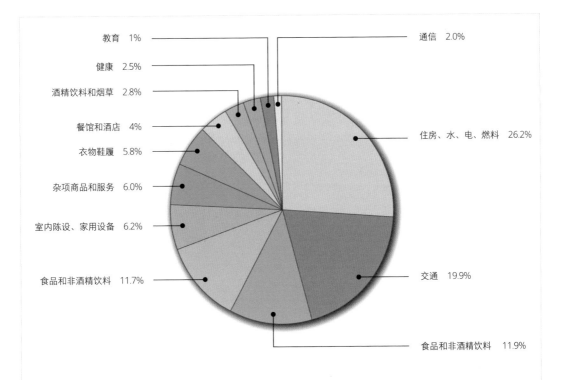

教育　1%

通信　2.0%

健康　2.5%

酒精饮料和烟草　2.8%

餐馆和酒店　4%

衣物鞋履　5.8%

杂项商品和服务　6.0%

室内陈设、家用设备　6.2%

住房、水、电、燃料　26.2%

食品和非酒精饮料　11.7%

交通　19.9%

食品和非酒精饮料　11.9%

这张图表列出了一个家庭的典型细分支出，这些项目的变化代表生活成本的提高。

短期国库券（Treasury bill，T-bill）

　　美国和加拿大政府发行的一种短期债券，有多种面额。短期国库券没有利息，可以以一定的折扣交易，期限分为 3 个月、6 个月和 12 个月。购买价格和面值之间的差额就是投资者能得到的回报。

国库券（Exchequer bill）

　　英国政府为应对战争之类的紧急事件筹措资金而发行的一种有息债券。目前，各国政府仍然经常发行期限有限且利润固定的国库券或长期国库券（Treasury bond），以此作为为满足特定目的的一种筹资手段。金边证券（Gilt-edged securities），或称金边债券，是政府发行的另一种投资资产，它的安全性很高而且利率固定。

基准利率（prime rate; 最低贷款利率，minimum lending rate）

　　美国主要银行收取的最低利率，也是它们提供给"优质客户"的利率。英国有一个类似的术语，叫作"最低贷款利率"，但这

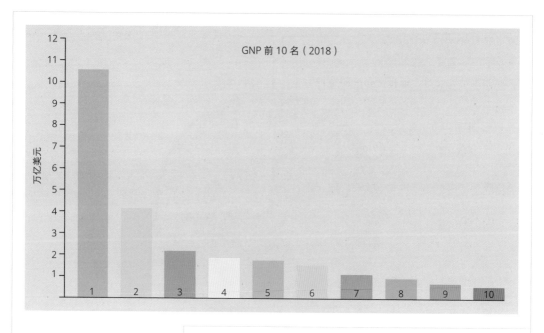

GNP 前 10 名（2018）

万亿美元

主要国家的 GNP 对比

	国家	GNP（百万美元）
1	美国	20 544 343
2	中国	13 608 151
3	日本	4 971 323
4	德国	3 947 620
5	英国	2 855 296
6	法国	2 777 535
7	印度	2 718 732
8	意大利	2 083 864
9	巴西	1 885 482
10	加拿大	1 713 341

个词已于 1981 年被没那么正式的"基础"利率（base rate）取代。

国内生产总值（Gross Domestic Product，GDP）

一国在一年内所创造的所有商品和服务的总价值，排除了所有来自海外的收入。

国民生产总值（Gross National Product，GNP）👁

一国在一年内所创造的所有商品和服务的总价值，包括来自海外的投资收入。它等于国民总收入（Gross National Income）。计算 GNP 时，重要的是认识到**通货膨胀**可能带来的扭曲效应。GNP 关乎产出，而非价格，要描绘一幅真实的社会收入图景，我们在看到物价上涨时也必须考虑到相应的成本。

贸易平衡（trade balance）

一段给定时间内进出口总值的差额。进出口的不外乎"有形"和"无形"之物，前者包括看得见、摸得着的货物和产品，后者的典型是服务部门的产出。如果出口总额大于进口总额，这叫贸易顺差；反之则是贸易逆差。

货币供应（money supply）

指在特定时间内流通的货币总额。在这个宽泛的定义下，货币可以有各种不同的定义。比如，在英国，货币的两个主要定义是 M0 和 M4，前者包括在英格兰银行（Bank of England）外流通的纸币和硬币、银行（和房屋抵押贷款协会）金库里储备的现金以及各银行与英格兰银行之间的营运存款（operational deposit）；后者是 M0 再加上除了银行和贷款协会的私人部门所有的英镑存款。控制货币供应是应对**通货膨胀**的一种手段。

通货膨胀（inflation） ◉

　　指一定时期内（通常是一年）商品和服务价格普遍上涨，或者在同一时期内货币贬值的现象。由于通货膨胀是一个平均值，特定商品价格的过度上涨可能会扭曲经济形势，导致不同人群的购买力受到不同程度的影响。要正确评估通货膨胀的影响，还需要考虑人们收入的增长情况。在汇率固定的情况下，通货膨胀压力可能导致官方货币贬值。

贬值（depreciation）

　　由于货币供应过剩，造成该货币相对于其他货币的价值下跌。贬值会让进口商品变得昂贵，出口商品变得便宜，从理论上说，随着这个国家出口货物的吸引力上升，市场需求会促使货币升值，直到达成平衡，但在现实中，这个过程往往发生得很慢。贬值这个术语也会用来描述一个公司的设备因过时而价值下跌的现象。

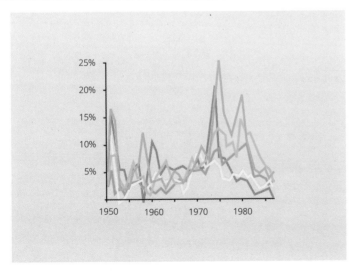

几十年来，这 5 个国家的通货膨胀率差异很大。20 世纪 70 年代的 "石油危机" 严重影响了日本，但它恢复得很快。

● 美国
● 英国
● 日本
○ 德国
● 法国

关税（duty）

针对特定商品，尤其是进口商品的税收。

税收（tax）

政府征收的费用，初衷是为支出计划筹集资金。税收通常针对工作收入、售卖货物或服务等行为，或者基于资产价值。所得税是一种直接税，收入水平不同，税率也有所不同；消费税是间接税，在购买时支付。

什一税（tithe）

历史上的一种宗教捐税，它要求农民或收入者将其部分收成或收入（最早是十分之一）贡献出来，以维持当地教堂和神职人员的开销。

血酬（blood money，赎罪金，wergild）

盎格鲁-撒克逊和中世纪早期日耳曼社群内部对人类生命价值的一种衡量方式。杀人者（无论是有意还是无意）向受害者家庭支付一笔赔偿金，以弥补对方生命的损失。

资本（capital）

一家公司能够用于维持自身运营或启动新业务的资金。后者

单利和复利的计算差异。

$$A = P \times (1 + nr)$$

单利

$A = n$ 年后的资金量

$P =$ 初始资金量

$r =$ 年利率

$n =$ 存款年限

$$A = P \times (1 + nr)^n$$

复利

$A = n$ 年后的资金量

$P =$ 初始资金量

$r =$ 年利率

$n =$ 存款年限

又叫风险资本或风险投资，个人或组织提供风险投资来换取新企业的股份。"资本"这个术语也用于描述一家公司的净值（扣除税负、运营费用和工资等开支后的剩余价值）。

利息（interest） 👁

借款时所产生的费用，这个费用通常是固定的，但有时也会随着基准利率的变化或时间的推移而有所变动。反过来说，利息也是投资者将资金借给政府、银行或其他机构所获得的报酬。这种报酬通常以固定的利率支付，也会根据基准利率的变化而有所调整。

年化利率（Annual Percentage Rate，APR）

指将短期（如每月）的利率转换为年化后的利率。年化利率的单利算法是将每个月的利率乘以 12。

信用评级（credit rating）

评定个人或公司偿还贷款的能力，具体取决于贷款的规模。信用评级基于被评定人的收入或资产，当事人之前偿还贷款的记录也会被纳入考量。

收入（earnings）

一个人挣到的钱，可以是工作报酬，也可以是投资回报。收入可以分为毛收入（扣税前）和净收入（税后）。收入也可指代一个企业或经济体中各部门的收益。

备用零钱（float）

商店开始营业时收银台上准备的小额现金，用于给第一批顾客找零，并在这一天结束时从总营业额中扣除。在美国和加拿大，这个词也用于笼统地指代小额现金 [常常被称为"零用现金"（petty cash）] 或者托收支票的应收款。

股票价格（share price）

一家公司普通股票的价格。潜在的投资者会以这个价格买入公司股票，和商品价格一样，股票价格部分基于真实的市场价值，同时也会考虑吸引买家的需求。

红利率（yield）

　　股票、金边债券或公债的投资回报率。股票的红利率等于每年的**分红**除以**股票价格**。因此，红利率低可能意味着这家公司的股票价格很高（因为市场认为该公司前景乐观）；也可能说明这家公司红利很低，因为它表现糟糕。

分红（dividend）

　　将公司的部分收益分配给股东的一种方式，通常每年或者每半年支付一次。分红以每股来衡量。

市盈率（price‐earnings ratio）

　　每股的价值与收益之间的比率，用股票的市场价除以每股收益即可算出。

营业额（turnover）

　　一家企业的总收入，通常以年来衡量，未扣除运营费用或投资之类的支出。

利润（profit）

　　在一定时期内，企业的**营业额**与生产产品或提供服务所产生的成本之间的差额。毛利润不扣除运营费用、贬值、工资支出和**投资**付款，而净利润则扣除了上述支出，人们常说的公司利润通常是指净利润（**税前**或税后）。营业利润（operating profit）是指一家公司从正常的交易活动中获得的利润，它等于贸易利润减去直接和间接的支出。

亏损（loss）

　　负利润，如果一家企业生产产品或提供服务的成本超过了营业额，就会产生亏损。

利润率（margin）

　　企业的利润率等于它的营业利润在营业额中所占的百分比。比如，一家公司的营业额是 400 万美元，营业利润是 50 万美元，那么它的利润率是 12.5%。营业利润是该公司的营业额减去直接支出和运营费用。

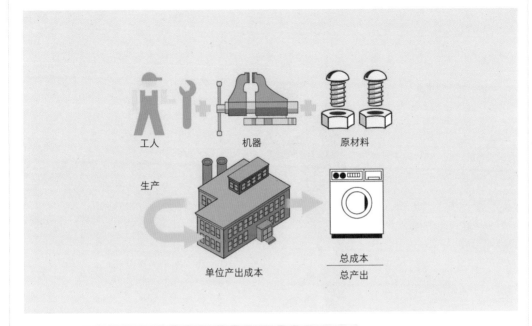

生产过程中涉及的各种投入加起来决定了单位成本。

单位成本（unit cost） 👁

生产单件商品所耗费的成本，等于总生产成本除以产品数量。

运营费用（overheads）

与实际生产货物或提供服务没有直接关系的运营成本，有时候也叫间接成本（indirect costs）。它包括房租、维保合同、工资之类的固定成本，也包括为了提升产出而支付的加班工资和额外的机器租金等浮动成本。

营运资本（working capital）

公司在商业上可用于提升营业额的资产。用于生产的建筑物不能被视作营运资本，因为它们不能用来提高收入。营运资本的另一种定义是不会被债务抵消的资产。换句话说，只有先处理负债后，作为收入来源的资产才能被用作资本。

增值（value added）

指某一物品、产品或整个企业在一个设定周期结束时的价值减去周期开始时的价值所得出的结果。这个术语也可用于描述整个国家的经济活动，在这种情况下，增值总额即为**国内生产总值**。增值税是一种间接税，它会在生产过程的各阶段之间持续传递。

因此，一个供应商在购买原材料时支付的增值税可以部分抵扣他从买家手中收到钱时所需缴纳的增值税。

账面价值（book value）

一家公司在已公布的会计报表或"账簿"中所示的资产价值——或者说一家公司的账面资产减去账面负债后的实际价值。一般来说，账面价值是一家公司最基础的价值，而投资者心目中的"真实"价值往往要高得多。

资产净值（Net Asset Value，NAV）

企业在支付债务和资金成本后的总资产。因此，在这个定义下，资产净值本质上和**账面价值**一样。在美国，NAV 指的是一份共同基金股份的价值，用该基金的净资产除以发行的股份数量即可得出。

资产流动性（liquidity）

企业资产迅速转换为现金而不损失其价值的能力，通常用于满足**营运资本**的需求。资产流动率是银行或其他金融机构的流动资产和总资产之比。与之相关的术语"清算"（liquidation）指的是为偿还债务将资产变现并终止业务的行为。

破产（bankruptcy）

法院对个人或公司做出的无力偿债的判决。破产者的所有资产都会被移交给受托人，后者会尽可能地用这些资产来解决债务。因此，受托人扮演了清算者（见"**资产流动性**"）的角色。

食品

勺子有各种尺寸。这里展示的是汤匙、甜品匙和茶匙的相对尺寸。

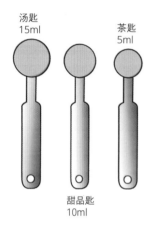

汤匙
15ml

茶匙
5ml

甜品匙
10ml

勺子尺寸（spoon sizes）👁

勺子有各种尺寸，不过最常见的是 1/4 茶匙、1/2 茶匙、茶匙、甜品匙和汤匙。量取液体时，通常 1 茶匙 =5 毫升（1/6 美制液量盎司），1 甜品匙 =10 毫升（1/3 液量盎司），1 汤匙 =15 毫升（1/2 液量盎司），但人们对这些定义并未达成共识。称量干物品时，1 汤匙 =1/2 盎司（14.235 克）。

条（stick）

一条黄油等于 8 汤匙（1/2 杯，4 盎司，或 125 克）。

杯（cup）

用于衡量液体，1 杯 =8 美制液量盎司（237 毫升，在菜谱中通常取整为 250 毫升）或 1/2 美制品脱。在北美，1 杯的容量等同于 250 毫升干物质（如面粉、糖、谷物等）。

注（dash）

液体量词，1 注被定义为 6 滴，76 滴等于 1 茶匙或 1/6 美制液量盎司（5 毫升），所以这是一个很小的量词。但"注"也能用于形容少量气味强烈的干物质，例如香料。

撮（pinch）

指少量干物质的量。1 撮的公认定义正如其名：不超过你能用拇指和食指捏起来的量；有时候被定义为 1/8 茶匙，或者更少。

牛奶和奶油的种类（milk and cream types）👁

牛奶主要分为三种：全脂奶；脱脂、去脂或无脂奶；半脱脂或低脂奶。均质化牛奶经过处理，使得乳脂均匀分布在牛奶中，否则它会分离出来并浮在液面上。巴氏杀菌乳经过加热处理以杀

牛奶和奶油的种类

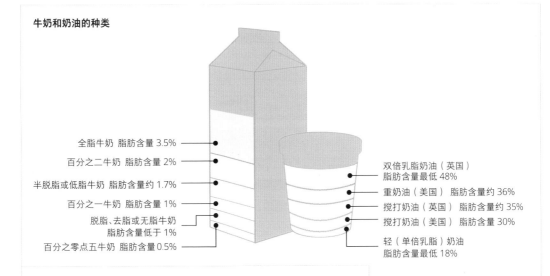

全脂牛奶 脂肪含量 3.5%
百分之二牛奶 脂肪含量 2%
半脱脂或低脂牛奶 脂肪含量约 1.7%
百分之一牛奶 脂肪含量 1%
脱脂、去脂或无脂牛奶 脂肪含量低于 1%
百分之零点五牛奶 脂肪含量 0.5%

双倍乳脂奶油（英国）脂肪含量最低 48%
重奶油（美国）脂肪含量约 36%
搅打奶油（英国）脂肪含量约 35%
搅打奶油（美国）脂肪含量 30%
轻（单倍乳脂）奶油 脂肪含量最低 18%

死有害微生物。UHT（超高温）杀菌会给牛奶消毒，由此大大延长了它的保质期，但也会明显改变牛奶的风味。奶油主要分为重奶油（在英国叫双倍乳脂奶油）、搅打奶油和轻奶油（或单倍乳脂奶油）。还有一种酸奶油，其中添加了一种天然的发酵剂。

鸡蛋尺寸（egg sizes）

美国的鸡蛋尺寸取决于每打鸡蛋的重量下限，而加拿大的衡量标准是每个鸡蛋的重量。北美的鸡蛋尺寸分为超小号（15 盎司 / 小于 42 克）、小号（18 盎司 /42 克）、中号（21 盎司 /49 克）、大号（24 盎司 /56 克）、超大号（27 盎司 /68 克）和巨型（30 盎司 /70 克）。在英国，鸡蛋尺寸分为小号（不超过 52.9 克）、中号（53 ~ 62.9 克）、大号（63 ~ 72.9 克）和超大号（73 克以上）。鸡蛋也有分级。在美国，AA 是最高等级，而后依次是 A、B 和 C。英国鸡蛋分为两个等级：A 级的作为整蛋出售，B 级的会被打破壳进行巴氏灭菌处理。

糖的分类（grades of sugar）

糖的种类有很多，其中砂糖是标准的形式，由小的白色糖晶体组成。细砂糖、幼砂糖或超细砂糖的晶粒更小，糖粉或糖霜是由糖研磨而成的细粉，可以撒在蛋糕上，或者用于裱花。红糖有各种形态，大多数的红糖晶粒比白糖更小，里面含有糖浆。黑砂糖又叫巴巴多斯糖，它拥有强烈的糖浆风味；黄砂糖则是金色的、略微黏稠的颗粒。

煮糖的各个阶段。温度的细微差
别就会让糖浆的质地产生很大的
差异：

深焦糖
350 ~ 360°F/176 ~ 182°C
浅焦糖
320 ~ 338°F/160 ~ 170°C
硬脆糖
300 ~ 310°F/149 ~ 154°C
软脆糖
270 ~ 290°F/132 ~ 143°C
硬球糖
250 ~ 265°F/121 ~ 129°C
韧球糖
242 ~ 248°F/116 ~ 120°C
软球糖
234 ~ 240°F/112 ~ 116°C
起泡糖或酥糖
230 ~ 235°F/110 ~ 112°C
糖浆
223 ~ 235°F/106 ~ 112°C
珍珠糖
220 ~ 222°F/104 ~ 106°C

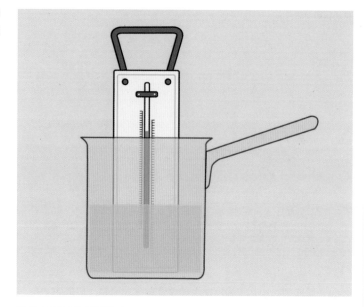

糖烹煮的各个阶段（sugar cooking stages） 👁

　　用水制取糖浆的不同阶段。温度越高，水蒸发得越多，冷却
后的糖浆就越硬。每个阶段都有自己的名字，不同阶段之间仅相
差几摄氏度的温度。

酒精单位（unit of alcohol）

　　这个术语是用来描述酒精量的，常见于健康警告中。1 单位
酒精等于 8 克或 10 毫升纯酒精。要计算一种饮品里含有几个单
位的酒精，需要用它的体积（单位为毫升）乘以酒精体积分数
（% ABV），再除以 1000。因此，500 毫升 5% ABV 的啤酒含有 2.5
单位酒精。安全的酒精摄入量被定义为每天摄入的酒精单位数量，
女性的安全摄入量低于男性。

% ABV（酒精体积分数，alcohol by volume）

　　饮料中酒精所占的体积比例，以百分比的形式表示。计算它
的一种可靠方法是在发酵前用比重计测量饮品的原初比重，发酵
后再测一次。ABV 等于两个读数之差除以 7.36。美国有时候会使
用 ABW（Alcohol by Weight，酒精质量分数）来表示酒精浓度。
ABW 乘以 1.267，就能换算成 ABV。

酒精度（%proof，degrees proof）

指饮品中的酒精含量。虽然酒精度常用百分号来表示，但酒精的实际占比是这个标示值的一半。所以，在美国，100 酒精度意味着这种饮品含有 50% 的酒精。酒精度最初的计算方法是在饮品里添加火药，然后试着把它点燃。人们认为，如果酒精占比达到 50%，它就能点燃。后来人们发现，酒精含量得达到 57.15% 才能点燃，目前英国的酒精度系统仍基于这个数值，所以英国酒精度为 100 的饮品要比美国同样酒精度的强劲得多。

细颈大坛（demijohn）

一种颈短而窄的大瓶子，通常带把手，有时候会装在用柳条编织的筐里。这种瓶子最初用于运输或储存液体，但现在常被家庭酿酒师用来发酵葡萄汁。酿酒的坛子容量通常大约是 1 加仑或 4.5 升，但有的坛子比这大得多；有的坛子容量可达 20 加仑，甚至更多。

小杯（shot）

一小杯被（模糊地）定义为"少量饮品"，通常用于形容烈酒或蒸馏酒。在美国，这个单位有时候被精确地定义为一种名叫"吉格杯"（jigger）的小玻璃杯所能容纳的酒量，即 1.5 液量盎司（44.4 毫升）。

烈酒的计量单位（measure of spirits）

在英国，烈酒曾以"及耳"（gill）为单位来计量，1 及耳=1/4 英制品脱。一杯酒的量存在地区差异，从 1/6 及耳到 1/4 及耳不等，但现在已经引入了标准的计量单位，一杯的量是 25 毫升或 35 毫升（随着后者在英国酒馆的普及，35 毫升的杯子变得更常见）。其他国家也有类似的规则：澳大利亚的烈酒以 15 毫升、30 毫升和 60 毫升为单位来计量，但在美国则没有适用的标准计量单位。

份（split）

美国衡量矿泉水或葡萄酒的计量单位，通常等于 6 液量盎司（177 毫升），有时候会略多一点。1/4 瓶葡萄酒，也就是 187 毫升，也常常被称为一份。

葡萄酒杯（wine glass）

葡萄酒杯的尺寸差异很大，但在英国，酒馆和餐馆里的"小"杯是 125 毫升，"中"杯是 175 毫升，"大"杯是 250 毫升。而在商业环境以外，酒杯的大小（和形状）差异很大，具体取决于装什么酒。红酒杯比白葡萄酒杯大。

斯坦啤酒杯（drinking stein）

一种陶制的啤酒杯，通常设计精美，在德国很流行。1 斯坦也被用来描述一定量的啤酒。最常见的容量是 1/2 升和 1 升。

大卡（Calorie）

首字母大写时指的是能产生 1000 小卡（calories，首字母 c 小写）能量的某种食物的量。这里是指食物被氧化时释放出来的能量。大卡在食谱和食品营养标签中是个常见的单位，但摄入后所导致的体重增加也会受到能量消耗的影响。

每日推荐摄入量（RDA）👁

RDA（Recommended Daily Allowance，有时也称为 Recommended Dietary Allowance）是指为了维持健康而建议每

维生素和矿物质的每日推荐摄入量。所有这些物质都可通过补剂摄入，但它们也天然存在于食物中。

营养成分	量
维生素 A	5000 国际单位（IU）
维生素 C	60 毫克（mg）
维生素 B_1	1.5mg
核黄素	1.7mg
烟酸	20mg
钙	1.0 克（g）
铁	18mg
维生素 D	400 IU
维生素 E	30 IU
维生素 B_6	2.0mg
叶酸	0.4mg
维生素 B_{12}	6 微克（mcg）
磷	1.0g
碘	150mcg
镁	400mcg
锌	15mcg
铜	2mg
维生素 H	0.3mg
泛酸	10mg

日摄入的某种物质（如维生素、矿物质或蛋白质）的量。每种物质规定的推荐摄入量因年龄、性别以及身体健康状况（如怀孕）而异。

参考每日摄入量（RDI）

参考每日摄入量（Reference Daily Intake）是美国为取代自愿标明的营养标签上的 **RDA** 而引入的一个术语，描述食物中包含的维生素、矿物质和蛋白质的量。在实践中，RDI 的值大部分和原来的 RDA 值一样，但摒弃了"推荐"的概念。

每日参考值（Daily Reference Value）

每日参考值是由美国食品药品监督管理局（U.S. Food and Drug Administration）设定的每日推荐最大摄入量，涵盖了总脂肪、总碳水化合物（包括纤维）、蛋白质、胆固醇、钾和钠等营养素。这些数据取决于不同的人每天摄入的**大卡**热量。

食品化学法典单位（FCC unit）

食品化学法典单位（Food Chemical Codex unit）用于衡量添加到食品中的化学物质的纯度和有效性。FCC 是美国医学研究所（U.S. Institute of Medicine）为美国食品药品监督管理局制定的一套标准。它涵盖了乳糖酶含量之类的数据，乳糖不耐受者对此很熟悉。因为生产者处理化学物质的方法各不相同，FCC 单位并不是那种精确到毫克的量。相反，它衡量的是化学物质的有效性，与物质的重量无关。

煤气炉标记（gas mark）👁

英国和一些英联邦国家的煤气炉上常见的一种温度刻度，标出了精确的华氏度和对应的摄氏度。

除了华氏度和摄氏度，大部分英国烹饪书还会列出对应的煤气炉标记。

煤气炉标记	温度（℉）	温度（℃）	描述
1/4	225	110	很冷
1/2	250	130	
1	275	140	冷
2	300	150	
3	325	170	中下
4	350	180	中等
5	375	190	
6	400	200	较热
7	425	220	热
8	450	230	
9	475	240	很热

液体

加仑（gallon） 👁

英制系统中的液体计量单位，目前仍在英国、加拿大，尤其是在美国继续使用，但它正逐渐被"升"取代。在英国和加拿大，英制加仑代表 10 磅常衡水所占据的体积，或者说 4.546 09 升，但美国的加仑体积要小一些，等于 3.7854 升。英、美两国的加仑都能细分为 8 品脱，或者 4 夸脱，或者 32 及耳，但这些单位在英、美两种体系下各有对应的值。更令人迷惑的是，英制加仑分为 160 英制液量盎司，而美制加仑分为 128 美制液量盎司。虽然英制加仑在衡量液体和干物品时都一样，但美制的干加仑是另一个单位，相当于 4.404 76 升。

也许因为传统的液体计量单位在牛奶、啤酒、汽油等物品的日常交易中如此常用，所以它们在英、美两国才如此难以被取代。

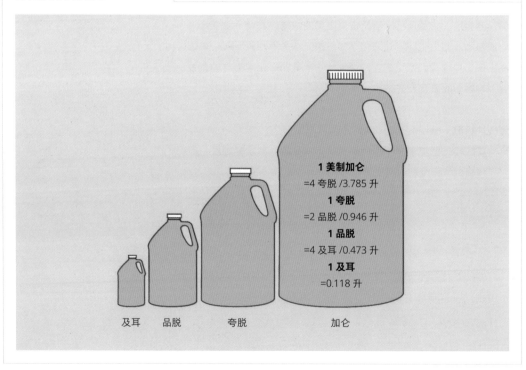

1 美制加仑
=4 夸脱 /3.785 升
1 夸脱
=2 品脱 /0.946 升
1 品脱
=4 及耳 /0.473 升
1 及耳
=0.118 升

及耳　品脱　　夸脱　　　　加仑

品脱（pint）

一种液体计量单位,相当于 1/8 加仑,或 1/2 夸脱,或者 4 及耳。1 英制品脱等于 0.5683 升,1 美制品脱等于 0.4732 升。

液量盎司（fluid ounce, fl oz）

一种液体计量单位,品脱的细分子单位,但在英国和美国代表的量各不相同。英制和美制的品脱不光体积不同,它们分成的液量盎司数目也不一样,1 英制品脱等于 20 英制液量盎司(因此 1 英制液量盎司 =28.4131 毫升),而 1 美制品脱等于 16 美制液量盎司(1 美制液量盎司 =29.575 毫升)。

液量打兰（fluid dram, drachm）

一种小的液体计量单位,等于 1/8 液量盎司。在英国,这意味着 1 液量打兰等于 1/160 英制品脱,但在美国,它等于 1/128 美制品脱——这两个值差异很大,换算成公制,1 英制液量打兰 =3.5519 毫升,1 美制液量打兰 =3.6969 毫升。"液量打兰"这个术语来自药衡重量系统中的"打兰"或"德拉克马"。

量滴（minim）

一种很小的液体计量单位,等于 1/60 液量打兰。由于英制和美制液体计量系统的量和子单位都不一样,所以 1 英制量滴 =0.0592 毫升,1 美制量滴 =0.0616 毫升。

立方米（cubic meter, m^3）

一种公制体积单位,通常用于衡量干货物,但有时候也会用来度量液体。不出所料,它是从国际标准单位"米"推导出来的;1 立方米等于一个边长为 1 米的立方体的体积,它等于 1000 升。在度量液体时,更常见的是它的衍生单位"立方厘米"(cm^3,或 cc),立方米的百万分之一,它等于 1 毫升;汽车发动机的排量常常用"cc"或升来衡量。

升（liter, litere, L, l）

国际标准单位系统中一种衡量体积的公制单位,它相当于 1 千克水在 4℃时的体积,一般等于 1 立方分米。它是衡量液体的国际标准单位,但也常用于衡量干货物。1979 年,"L"正式成为"升"的缩写,但"l"仍在普遍使用。1 升等于 1.760 英制品脱,或 2.1134 美制品脱。和所有国际标准基本单位一样，它的衍生单位可通过添加"分""毫""十""千"之类的词头来描述。

毫升（milliliter, millilitre, mL, ml）

衡量液体的一种单位，等于 1 升的千分之一。一般来说，1 毫升等于 1 立方厘米（cm^3 或 cc），而且 1 毫升 =0.0352 英制液量盎司或 0.3381 美制液量盎司。官方推荐的缩写形式是"mL"，但"ml"仍在广泛使用；在口语中，你会常常听到"mil"这个术语，但只在含义明确的语境下使用，因为"mil"也可以用来指代其他几种带有词头"milli-"（毫）的单位，甚至可以作为"million"（百万）的简写形式。

斛（hu）

中国古代的一种衡量液体的单位，1 斛相当于 10 斗，或 100 升。随着历史的发展，这个单位的量值也有所变化。

锡亚（seah, se'a） 👁

古希伯来一种衡量体积的单位，既适用于液体也适用于干货物，约等于 13.44 升。1 锡亚可以分为 2 赫因（hin），同时它也等于 1/3 浴（bath）。

古希伯来的液体计量单位主要用于油和葡萄酒的贸易，但也可以用来衡量干货物。

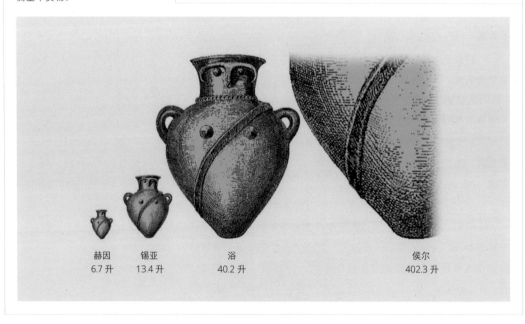

赫因	锡亚	浴	侯尔
6.7 升	13.4 升	40.2 升	402.3 升

侯尔（kor，cor） 👁

　　古希伯来的一种衡量液体的单位，1 侯尔等于 10 浴，或 30 锡亚，或大约 402.3 升。衡量干货物的等价单位被称为"霍默"（homer）或"贺梅珥"（chomer）。

赫明那（hemina）

　　古罗马的一种衡量液体的单位，专门用于葡萄酒和油的贸易。它等于 0.5 塞斯塔留斯（sextarius），又可以分为 24 里圭利（ligulae）。它约等于现代的半品脱，用途也差不多。

塞斯塔留斯（sextarius）

　　古罗马常用的一种衡量液体的单位，约等于现代的品脱（1 塞斯塔留斯 =0.935 英制品脱或 1.1227 美制品脱），也同样用于衡量葡萄酒和油。它等于 1/6 康吉斯（congius，这个单位也因此得名，"sextarisus"就是拉丁语的"六分之一"）或者 2 赫明那，约等于 0.521 升。

康吉斯（congius）

　　古罗马的一种衡量液体的单位，等于 6 塞斯塔留斯，或 1/4 乌纳（urna），或约等于 3.1875 升。顺带一提，"congius"这个术语是在 19 世纪的某个时间传入英国的，最初是为了在医药学领域取代英制单位里的加仑。

英亩英寸（acre inch，ac in）

　　一种体积单位，用于衡量水库之类的水体体积。1 英亩英寸相当于面积为 1 英亩、深度为 1 英寸的水的体积，它等于 3630 立方英尺（约等于 102.79 立方米）。有一个与此相关且使用广泛的度量单位，叫"英亩英尺"（acre foot，af），它等于 12 英亩英寸，因此也等于 43 560 立方英尺（约等于 1233.482 立方米）。

微滴（droplet）

　　非常少量的液体，字面意思是"一小滴"。最初人们配置和管理药品时使用的单位是"滴"，靠玻璃滴管来衡量，它约等于 1 量滴（minim），后来也和量滴通用。因此，1 微滴可以表示任何小于 1 滴或者 1 量滴的液量，只要它能形成球状。在实践中，这个术语现用于指代小于 0.05 毫升左右的液量，通常通过液体的

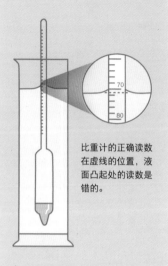

大部分比重计的刻度标的是待测量液体的相对密度，但有的专用设备特地标注了特定溶液的密度。

比重计的正确读数在虚线的位置，液面凸起处的读数是错的。

直径而非体积来衡量。在液体被雾化或被喷洒的领域（如医疗用的鼻腔喷雾），或者在乳液的稳定性至关重要的行业（如食品工业），微滴的大小尤其重要。

克拉克标度（Clark scale）

一种衡量水硬度的标度，得名于 19 世纪科学家约书亚·克拉克（Hosiah Clark）。这个标度下的细分单位名叫"克拉克度"：1 克拉克度现在被取值为每 70 000 单位的水中有 1 个单位的碳酸钙（脱胎于这个单位最早的值，即 1 格令每英制加仑），或者约等于百万分之 14.3。

比重（specific gravity）

给定体积的液体质量与同体积下 4℃ 的水（此时水的密度最大）的质量之比。现在更常用的科学术语是"相对密度"，但酿造业仍在使用"比重"［以及"原麦汁浓度"（original gravity，OG），代表未发酵的麦芽汁比重］来衡量啤酒可能达到的酒精浓度，但它正在被"成品酒精百分浓度"的概念取代。

比重计（hydrometer） 👁

测量液体密度的一种设备。它通常由一个内置配重物的玻璃球泡与一根标有刻度的玻璃管相连组成。配重物垂直悬浮在待测量的液体中，你可以读出与液面齐平的刻度数值。还有一种类似的设备，名叫油比重计，它可以测量油的纯度。

沸点测定计（hypsometer）

一种测量液体（通常是水）沸点的设备。因为沸点取决于气压，所以通过比较沸点测定计的读数和该液体在海平面上的沸点，我们可以计算海拔。

表面张力（surface tension）

液体的一种特性，它使得液体在张力状态下看起来像是被一层"皮肤"包裹着，这是由液体表面分子间不平衡的吸引力所引起的。表面张力的测量是以作用于液体表面上的力为单位，这个力与表面垂直（通常是牛顿每米，N/m）。正是因为表面张力的存在，小型昆虫才能在水面上"溜冰"，肥皂泡才会呈球状。

溶解度（solubility）

宽泛地说，指一种物质溶解在一种液体中的能力；更具体地说，是指在一定温度下能溶解在一种液体中的物质的量。表达溶解度的形式包括单位体积质量、百分比、百万分比或者摩尔每千克、摩尔每升。

混溶性（miscibility）

两种或两种以上的液体在特定温度下互相溶解、形成混合液的能力。

余位（ullage）

容器内没有完全装满的量。今天这个术语主要用于船运，它代表一个部分填充的容器（比如一个箱子）内剩余的容量。

海（sea）

地理意义上的大型咸水区域，比洋要小。大部分海实际上是大洋的一部分，或直接与大洋相连，但也有很多海是独立的，它们实际上是很大的咸水湖，例如地中海和波罗的海。尽管早年间水手会吹嘘自己航行过"七海"，但国际上公认的海域实际超过20处。

洋（ocean）

地理意义上的巨型咸水区域。这些咸水覆盖了地球表面上超过 70% 的面积，它们通常被分为三个大洋——太平洋、大西洋和印度洋；有时候北冰洋和南冰洋也会被视为独立的大洋，但地理学家越来越倾向于认为，这两片水体只是其他三个大洋向极北或极南延伸出来的一部分。

各大洋的表面积，包括相邻的海，其中北冰洋被当成一个独立的大洋，标注的面积单位是平方英里和平方千米。全世界大洋的平均深度大约是 13 100 英尺（4000米）。最深的地方在太平洋，深度为 36 160 英尺（11 022 米）。

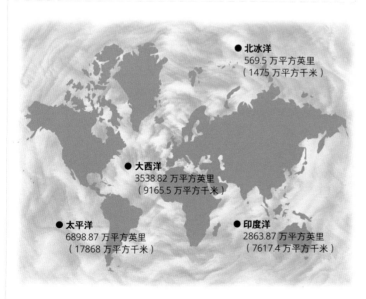

● 北冰洋
569.5 万平方英里
（1475 万平方千米）

● 大西洋
3538.82 万平方英里
（9165.5 万平方千米）

● 太平洋
6898.87 万平方英里
（17868 万平方千米）

● 印度洋
2863.87 万平方英里
（7617.4 万平方千米）

纸张和印刷

A 系列纸张尺寸有统一的高宽比，如下图所示。

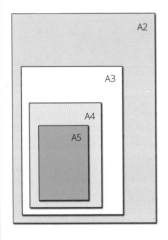

ISO/ABC 尺寸（ISO/ABC series）👁

　　瑞士的国际标准化组织（International Standards Organization, ISO）采用的一套纸张尺寸系统，现在被北美以外的大部分国家采用。ISO/ABC 系统中所有纸张的高宽比都是 2 的平方根（1.4142:1）。两张相同的纸长边相邻拼起来，就能得到一张大一号的同样高宽比的纸，比如，两张 A4 纸等于一张 A3 纸。国际标准的 A 系列不适合某些用途，因此引入了 B 系列来涵盖更广泛的纸张尺寸。（日本的 B 系列尺寸与国际标准有一点差异。）C 系列定义的是适合 A 系列纸张的信封尺寸。

大号书写纸（foolscap）

　　一种用于官方文件的纸张，如今基本已被弃用，它的尺寸大约是 13.5 英寸 × 17 英寸（34.25 厘米 × 43 厘米）。办公室里曾经常用的大号书写对开纸（尺寸为大号书写纸的一半）也经常被简称为 "foolscap"。这种纸之所以叫这个名字，是因为最初它的水印图案是一个宫廷小丑的头像。

律师公文纸（legal cap）

　　装订成册的书写纸，每页的尺寸是 8.5 英寸 × 13 至 16 英寸（21.5 厘米 × 33 至 40.5 厘米），带有固定的页边距。美国律师用这种纸来书写法律文件。

信纸（letter）

　　南北美洲常用的书写纸，尺寸是 8.5 英寸 × 11 英寸（21.5 厘米 × 28 厘米）。它比公制的对应尺寸（A4）略宽一点，但没那么长。

地图纸（atlas）

　　一种大尺寸的书写或绘画纸，尺寸一般是 26 英寸 × 34 英寸（66 厘米 × 86.5 厘米）。

英制纸（imperial）

尺寸为 22 英寸 ×30 英寸（56 厘米 ×76.25 厘米）的书写或绘画纸。这是常规生产的最大尺寸的书写纸。

皇冠纸（crown）

尺寸为 20 英寸 ×15 英寸（51 厘米 ×38 厘米）的纸张。英国在改用国际标准纸张尺寸之前引入过公制皇冠（四分）纸，它的尺寸是 1008 毫米 ×768 毫米。

印刷用纸（demy）

一种尺寸为 22.5 英寸 ×17.5 英寸（57 厘米 ×44.5 厘米）的书写或绘画纸。双倍印刷用纸的尺寸是 35 英寸 ×23.5 英寸（89 厘米 ×59.75 厘米）。

基本尺寸（basic size）

常用的标准纸张尺寸。公制的纸张克重基于一张 1 平方米的基本尺寸纸张，也就是一张 A0 纸覆盖的面积。美国的纸张克重以磅来衡量，不同等级的纸张所用的尺寸各不相同。

基准重量（basis weight）

在北美，基准重量指的是 1 令（500 张）纸的固定重量，单位为磅。有时候又叫"令重"，或者"标准重量"（标重）。

克每平方米（GSM）

克每平方米，又写作 g/m²。采用 ISO/ABC 尺寸的国家运用这个单位来描述不同厚度的纸张。

令（ream）

通常指 500 张纸，但在历史上，1 令纸的数量从 480 张到 516 张不等。时至今日，无论是在公制（ISO/ABC）系统还是在北美的英制系统下，纸张通常以 500 张为一令来售卖，但美国售卖的纸巾和包装纸有时候仍以 480 张为 1 令。

刀（quire）

一个不常用的术语，指有着同样尺寸和品质的 24 张或 25 张纸。1 刀书写纸有 24 张，而 1 刀打印纸有 25 张。

对开（folio）

最初是指一大张对折起来形成两张书页的纸，或者用这种纸装订成的书。对开书的尺寸非常大，类似那种在咖啡桌上当摆设的书。但"对开"这个词也可以简单地指对折起来的任何尺寸的纸张。几张对开纸缝合到一起，形成一个"书帖"，多个书帖装订在一起就构成了整本书。此外，一本书里只有单面有页码的纸页被称为一个"对开"，这个术语有时甚至会直接用于表示页码。

右页（recto）

一本打开的书右手边的那页。因此，一本书的第一页往往是右页，接下来所有奇数页码所在页面也都是右页。这个词源自拉丁语中的"rectus"，意思是"右"。

左页（verso）

一本打开的书左手边的那页，同一页纸上右页的反面。一本书中所有偶数页码所在页面都是左页。这个词源自拉丁语中的"vertere"，意思是"翻转"，因为你要翻过书页，才能看到左页。

开（-mo）

一种后缀，表示与书籍大小相关的名词。它最初是指一张尺寸为 19 英寸 ×25 英寸的纸被折叠的次数，但实际上人们使用的全开纸有多种尺寸。最初定义的三种尺寸是"对开"（对折一次）、"四开"（对折两次）和"八开"（对折三次）。对开书每张纸被裁成两页，或者说有 4 个页面；而 64 开的书每张纸被裁成 64 页，或者说有 128 个页面。

行距（leading）

页面版式中两行文字之间的距离。在手工排版时期，人们会在字里行间放置铅条，以隔出纵向的空白行距。"字距"（kerning）是行距的横向等效概念。行距的测量单位是"点"。在美国和英国，1 点等于 0.351 毫米，而在欧洲 1 点则是 0.376 毫米。

点（point）　👁

印刷业中用于衡量页面上字体大小（字号）、行距和其他空间尺寸的一种单位。在北美和英国使用的系统中，72 点大致相当于 1 英寸，28 点为 1 厘米，12 个点构成一个活字。字号大小以字符向上出头的最高点与向下出头的最低点之间的距离来衡量，不过，由于字体不同，实际测量值可能与以点来衡量的字号大小有所差异。

十二点活字（pica）

印刷业中用于衡量页面上的列宽和其他空间尺寸的一种单

位。"pica"的词源我们并不确定，但中世纪天主教教堂日常礼拜所用的规则手册被称为"Pica"，这二者之间可能存在联系。12个点构成一个活字，1英寸大约有6个活字（比2.5厘米略小一点）。在**迪多点**系统中，有一个类似的术语"西塞罗"（cicero），它也由12个点构成。

迪多点（Didot point）

　　欧洲印刷业中用于衡量字号和空间尺寸的一种单位。1英寸大约有68个迪多点（每个点等于0.376毫米）。这种以点为基础的系统最初是在法国由西蒙·福尼尔（Simon Fournier）创造出来的，他以字号"西塞罗"作为这套系统的基础，将1个点定义为西塞罗的1/12。1770年，弗朗索瓦·安布罗瓦斯·迪多（François Ambroise Didot）采用了福尼尔的系统，并将1个点重新定义为法国皇家英寸（略大于英制英寸）的1/72。法国大革命后，公制系统的引入意味着法制英寸的衰落，但迪多点系统仍保留了下来。

x字高（x-height）

　　指印刷字体中字母主体最高点和最低点之间的距离，亦即排除了向上凸出和向下垂落的部分。不同字体中点尺寸（point size）相同的字母可能有不同的x字高。

为了在两行之间留出合适的间距，以免上一行字符向下出头的部分和下一行字符向上出头的部分发生冲突，行间距的点尺寸需大于字号。图中的字号是7点，行距是10点。

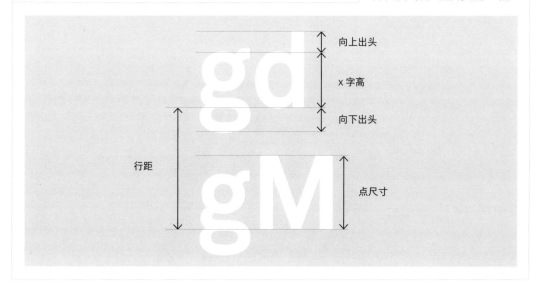

纺织品和布料

旦尼尔（denier）👁

　　曾用于衡量纱线密度的一种单位。1 旦尼尔指的是 1 根长 9000 米、重 1 克的纱线的密度。这个单位专门用于衡量丝线或尼龙线，它最知名的用途是衡量女式长筒袜的厚度。现在它已经被公制单位特克斯 [tex，旧称"公支"（drex）] 取代，后者以 1 千米长的纱线克重来衡量。

克每平方米（gram per square meter，g/m²，gsm）

　　衡量织物密度，或更常见于衡量纸张和纸板密度的单位，以质量和表面积的形式来表达。

针数（thread-count）

　　织物单位长度内的纱线数量。比较精细的面料通常以每厘米的针数（或者以传统英制或美制每英寸的针数）来衡量，粗糙布料则是用每 10 厘米的针数来衡量。

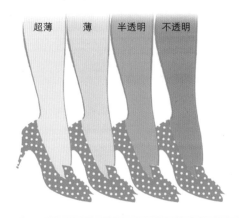

超薄　薄　半透明　不透明

平织（evenweave）👁

纺织布料时经纱和纬纱的粗细、张力以及单位长宽的针数都完全相同的一种织法。

针数密度（gauge）

衡量织物精细程度的一种单位。它可以用于指代纺织机器针床或针杆上每单位长度的针数，通常以每英寸或每厘米多少针（或多少圈）的形式来表达。这个术语也可以指代用于纺织这个密度的织物所使用的针具尺寸。

合股（ply；多股，fold）👁

描述纱线时，合股意味着一根线由多股纱合并组成。比如，两股线拧在一起变成一根双股线。这个术语也用于表示织物、纸张或纸板的股数或层数。

束（skein；扎，lea）

衡量纱线长度的一种灵活的传统单位。一束的长度值取决于纱线的类型，可能也会因制造商而异，但公认的值包括：

羊毛线和精纺毛纱 1 束 =80 码（73 米）
棉线和丝线 1 束 =120 码（110 米）
亚麻线 1 束 =300 码（274 米）

有时候 1 束等于 1/7 卷，尤其是在棉花和羊毛贸易中。在美国，一束通常被称为一扎。

卷（hank）

衡量纱线长度的一种灵活的传统单位，它的值取决于纱线的类型，并因制造商而异。对于棉花和羊毛，1 卷通常等于 7 束（或扎），但在美国，1 卷可能意味着 1600 码（1463 米）的羊毛线，具体的值有地域差异。

厄尔（ell）

衡量布料长度的一种传统单位，其词源为拉丁语中的"ulna"（肘），现在人们用它来形容前臂的一块骨头，而最初以"厄尔"为单位进行测量时多多少少会用到前臂。因此，它是一个相当可变的单位，欧洲不同国家采用的值都不一样。在英国，1 厄尔等于 45 英寸或 1.25 码（1.143 米），而在苏格兰则短得多，它等

布料的不同织法，以获得不同的图案或质地效果。从左上角开始，依次是：平纹编织、筐篮纹编织、斜纹 2/2z 字纹和斜纹 2/2s 字纹。

平纹编织　　　筐篮纹编织

斜纹（Z）　　　斜纹（S）

组成多股线的螺旋结构以"捻度"（twist）来衡量，其测量单位是每单位长度（通常为每英寸或每厘米）的捻回数。

柔软的单股线

坚韧光滑的双股线

坚韧光滑的三股线

漂亮的花式线

于 37.2 英寸（0.945 米）。法国使用的对应单位叫"昂"（aune），它等于 46.77 英寸（1.188 米）。而在日耳曼语系的欧洲地区，相关的单位"elle"一般来说甚至比苏格兰的厄尔更短，只有 2 德尺（fuß），它的值大约从 23 英寸到 30 英寸不等。

匹（bolt）

用于布料买卖的一种长度单位。由于布匹的宽度会根据布料类型和织机尺寸而有很大差异，因此一匹布的实际面积也随之而异，甚至"匹"的长度也会有所不同。今天，一匹布的长度通常是 30 码（27.43 米）、40 码（36.58 米）或 100 码（91.44 米）。因此，确定一匹布具体的长度对买家和卖家来说都很重要，不出意料，"匹"这个概念正在被有明确定义的公制单位取代。

宽度（width）

成品织物的宽度取决于所用的纱线类型和织机的尺寸，通常会沿着织物的经纱方向进行测量。不同制造商者生产的布料，其

鞋码是公制单位尚未站稳脚跟的一个领域——就连欧码都不怎么规整——而且无论哪套鞋码都不够精确。

英码	美制女码	美制男码	欧洲男码	蒙多点码
	1			190
	1.5			
	2	1		200
1	2.5	1.5	33	
1.5	3	2	34	210
2	3.5	2.5	34	
2.5	4	3	35	
3	4.5	3.5	35	220
3.5	5	4	36	
4	5.5	4.5	37	230
4.5	6	5	38	
5	6.5	5.5	38	240
5.5	7	6	39	
6	7.5	6.5	39	250
6.5	8	7	40	
7	8.5	7.5	41	
7.5	9	8	42	260
8	9.5	8.5	42	
8.5	10	9	43	270
9	10.5	9.5	43	
9.5	11	10	44	
10	11.5	10.5	44	280
10.5	12	11	45	
11		11.5	46	290
11.5		12	47	
12				300

男装尺码

西装/外套		衬衣（领口尺寸）		袜子	
英码/美码	欧码	英码/美码	欧码l	英码/美码	欧码
36	48	12	30-31	9.5	38-39
38	48	12.5	32	10	39-40
40	50	13	33	10.5	40-41
42	50	13.5	34-35	11	41-42
44	54	14	36	11.5	42-43
46	56	14.5	37		
		15	38		
		15.5	39-40		
		16	41		
		16.5	42		
		17	43		
		17.5	44-45		

从海外购买成品衣物或者在旅行时购买衣物可能是一件冒险的事情，因为尺码换算表通常只会给出大略的对应关系。

宽度可能差异很大，但传统上各种布料有标准的宽度：棉布的匹宽通常是 42 英寸（1.067 米），羊毛布则是 60 英寸（1.524 米）。

吸水性（absorbency）

织物吸收液体的能力。吸水性可以根据吸水测试的结果用几种不同的方式来表达，比如织物样品的重量变化、给定时间内液体因毛细现象在样品织物内上升的高度，以及液体达到指定高度所花费的时间。

鞋码（shoe sizes）👁

描述鞋子长度的一种单位，鞋码在世界各地有几套不同的标度，但这些标度都不是特别精确，具体取决于鞋楦的尺寸。最常用的是美码和英码，它们都以 1/3 英寸（8.47 毫米）为公差递增码数；欧码，或者说巴黎点码，每码的公差是 6.66 毫米。蒙多点码以毫米为尺度衡量脚的长度和宽度，国际标准化组织采用的就是这套系统，但它只在南非和东欧部分地区普及。

男装尺码（men's sizes）👁

从传统上说，男装尺码脱胎于量身定制的裁缝所量取的尺码，比如腰围、胸围、裤腿内侧长度，英国和美国以英寸为单位，欧洲以厘米为单位。随着批量生产的出现，西装和外套的尺码简化为单一的胸围，衬衫的尺码简化为领口的尺寸，而长裤还是根据腰围和裤腿内侧长度划分尺码。近年来，批量生产的压力使得尺

女装尺码

套装/连衣裙			文胸*			袜类		
英码	美码	欧码	英码/美码		欧码	英码/美码		欧码
8	6	36	32 英寸		70 厘米	8		0
10	8	38	34 英寸		75 厘米	8.5		1
12	10	40	36 英寸		80 厘米	9		2
14	12	42	38 英寸		85 厘米	9.5		3
16	14	44	40 英寸		90 厘米	10		4
18	16	46	42 英寸		95 厘米	10.5		5
20	18	48						
22	20	50						
24	22	52						

*注：英码和美码量的是上胸围，欧码量的是下胸围。

S 捻和 Z 捻。纺织工艺会影响多股线的强度：高扭数的线比较强韧，适用于织造；低扭数的线比较柔软，适用于针织。

寸进一步标准化为小码（S）、中码（M）、大码（L）和加大码（XL）。

裙装尺码（dress sizes）👁

和男装尺码一样，传统裁缝测量的胸围、腰围和臀围已经被标准化的女装尺码系统取代。

手套尺寸（glove sizes）

手套尺寸的传统测量方式是根据手掌关节周围的宽度，以英寸为单位来确定。虽然英码和欧码之间存在细微差异，但这套系统并没有对应的公制度量单位，且至今仍被广泛使用。然而，随着批量生产的普及，它正不可避免地被无处不在的 S 码、M 码和 L 码取代。

纤维长度（staple length）

用于衡量纺线纤维的平均长度。棉花纤维可能只有 3 毫米（1/8 英寸）长，而亚麻纤维的长度可达 1 米（约 39 英寸）。人造纤维往往会被纺成连续的细线，或者直接使用未经纺制的单股丝线，但有的人造纤维会被修剪成更短的长度，大致介于 5 ~ 46 厘米（2 ~ 18 英寸）。

捻度（twist）👁

指单位长度纺纱线上扭绞的圈数。为把相对较短的纤维纺成连续的丝线，人们利用纺织工艺将它们扭绞起来。捻度以每厘米（或每英寸）内扭绞的圈数来衡量。把丝线竖着拎起来就能看到扭绞的方向；如果斜线的方向是从左往右的，则称为 S 捻，反之则是 Z 捻。

帽码（hat sizes） 👁

　　北美的帽子尺码基于头围除以圆周率（如果头部是规整的球形，那么帽码就等于头的直径），单位为英寸。奇怪的是，英码等于北美的码数减去 1/8。令人欣慰的是，目前普及中的公制尺码系统更简单，它直接基于头围，但批量生产正在力推更简单的 S 码、M 码和 L 码。

帽码

英码	美码	公制
6 3/8	6 1/2	52
6 1/2	6 5/8	53
6 5/8	6 3/4	54
6 3/4	6 7/8	55
6 7/8	7	56
7	7 1/8	57
7 1/8	7 1/4	58
7 1/4	7 3/8	59
7 3/8	7 1/2	60
7 1/2	7 5/8	61
7 5/8	7 3/4	62
7 3/4	7 7/8	63
7 7/8	8	64

和大部分衣物尺码一样，美码、英码和公制系统之间的差异很容易让人混淆。最佳建议可能是：戴着合适就行……

音乐

人声的音域范围

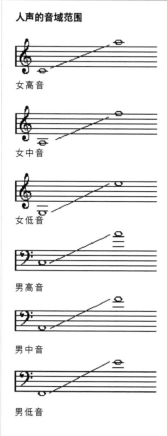

女高音

女中音

女低音

男高音

男中音

男低音

音域（pitch range）👁

　　音域是歌唱嗓音类别的多样性体现。女高音和未经变声的男童高音是最高的声音类型，音域范围一般从 c' 到 a"（中央 C 到高音 A）。女性中较低的声音包括女中音（从 a 到 f"，也就是低于中央 C 的 A 到高音 F）和女低音（从 g 到 e"）。男声的音域包括男声最高音（又叫假声、阉声或男高音，通常从 g 到 c"），然后依次是假声男高音（成年男性最高的嗓音，从 g 到 e"）、男高音（c 到 a'）、男中音（A 到 f'，也就是中央 C 下方的第二个 a 到比它高的那个 f），最后是男低音（通常从 F 到 e'）。音域能延伸到 F 以下的男低音被称为巴索男低音（深低音）。这些词中有很多也被用来描述音域范围相近的乐器以及乐谱中使用的谱号。

音程（interval）👁

　　一个音阶内部两个音符之间的距离，以二者之间包含的音级步数来描述：从 C 到 D 是一个二度，从 C 到 E 是一个三度，以此类推。音程也表明了两个音高之间的频率之比（比如说，八度 =1:2，纯五度 =2:3，纯四度 =3:4，大三度 =4:5，小三度 =5:6），但这些"纯"音高的比例经过**平均律**的修正，以严格对应每个音阶内 12 个均匀的半音。非西方的和先锋派的音乐常常采用全音阶以外的音程，例如四分之一音和其他微分音的音程，它们不能用传统的音乐术语直接描述。

音（tone；全音，whole tone；音级，step）

　　毫无疑问，一个大二度的音程是两个半音之和。一个"纯"音的音高比例是 8:9，但在**平均律**中，这个比例被修正为 1:1.122 462 047 5，所以一个八度音阶被等分为 6 个全音。

半音（semitone，half-step）

　　西方全音阶和半音音阶中最小的音程，琴键上一个音和它紧邻的音之间的距离。一个"纯"半音的音高比是 15:16，但在平均律中这被修正为 1:1.059 463 094（2 的 12 次方根），这确保了一个八度音阶可以绝对等分为 12 个半音。

八度音阶（octave）

音阶中频率比为 1:2 的音程，由一个全音阶的 8 个音级组成。任何音符和它的八度音阶都共用同一个字母：比如，A 以上的八度音阶是 a，而 c' 以上的八度音阶是 c"。这是平均律中唯一一个"纯"的音程，也就是说，它没有经过任何修正，以适应等分的半音音阶。

音高（pitch）

决定一个指定音符（通常是 a'，即中央 C 上面的那个 A）频率的标准，音阶内的其他所有音符都能根据这个音推导出来。1955 年，国际标准化组织将 a' 的标准音高（通常被称为"演奏音高"，concert pitch）规定为 440Hz，此前数百年间，a' 的音高一直存在混乱，从 400Hz 到 500Hz 不等。在一些忠于原作或传统风格的表演中，a' = 430Hz 和 a" =415Hz 的传统音高仍在继续使用。

音高这个术语也被宽泛地用于指代某个具体的音符所对应的字母名，因此间接地指代它的基本声波频率。容易混淆的是，给八度音阶内具体音符命名的系统有好几套。在美国和加拿大，常见的用法是将中央 C 写作 C_3，从它开始向上的八度音阶写作 C_4，向下的八度音阶则是 C_2，以此类推。英国等欧洲国家的传统写法是将中央 C 写作 c'，由此向上的八度音阶是 c"，再往上的

图中给出的音程是从 C 开始到同个音阶内各个不同的音符，同样的音程可应用于任何一个起始音符。

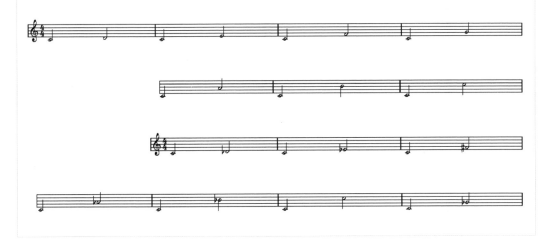

八度音阶是 c'''，以此类推。中央 C 以下的八度音阶写作 c，再下面的是 C，再往下是 C_1。在这两套系统中，这些代表音符之间的音高都得以保留下来——中央 c'（C_3）上面的那个音是 d'（D_3），而它下面的那个半音是 b（B_2）。

频率（frequency）

指音乐音调每秒钟振动的次数，通常以赫兹（Hz）或每秒循环数来衡量。如果一个复音拥有丰富的泛音，那么它的基本声波频率决定了音高。

音阶（scale） ◉

音符的序列，通常会以音高的升序或降序排满一个八度。在西方音乐中，最常见的是全音阶，尤其是大调音阶和小调音阶，还有半音阶、五声音阶和全音音阶，但除此以外人们还设计出了其他很多音阶（通常被称为"调式"，mode）。全音阶包括大调音阶、小调音阶和教会调式（church mode），它由一个八度音阶内的 7 个音级组成，这个八度音阶内包含了按顺序排列的每一个以字母命名的音符。由 12 个半音音级组成的序列被称为半音阶；6 个全音的音级序列组成了全音音阶；而八度音阶内任何 5 音级的音阶都被称为五声音阶。在非西方音乐中，音阶常常由半音阶以外的音高组成，其中包含微分音音程。

音调（key）

指音乐作品所采用的基本音阶，它构成了音乐作品的主要音高和调性色彩。一首有着特定音调的音乐作品使用的主要是这个

所有主要音阶都遵循这一模式：全音、全音、半音、全音、全音、全音、半音。与此类似，遵循这一模式的其他所有音阶如下所示，它们可以从任何一个音符开始。

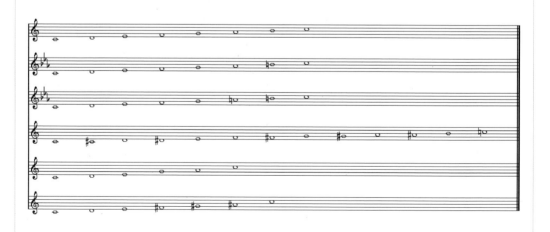

音阶的音符，以及由这些音符组成的和弦。音调的名字源自该音阶的第一个音符，也就是"主音"，虽然音乐可能会通过"转调"（modulation）的过程转移到相关的音调上，但正常情况下，它在起始和结束时用的都是这个"主"音。因此，C 大调音乐的开头和结尾用的都是 C 大调的和弦，它的旋律与和弦都会以 C 大调音阶内的音符为基础。但音调的概念不是普适的：16 世纪以前的西方音乐、非西方音乐和20 世纪的很多先锋音乐并不基于全音阶，所以无法用音调或调性这样的术语来描述。

谱号（clef）

标注在五线谱上的符号，用于指示各种线条和间距的音高。最初，谱号是音符名称字母（如 F、G 和 C）的装饰性变体，沿用至今的三种谱号分别是：

𝄢：**F 或低音谱号**

谱号 F 如今更常见的名称是"低音谱号"（bass clef），它表示上面的第四条线代表音高 f，以此为参考，可以推出其他音高。

𝄞：**G 或高音谱号**

类似地，谱号 G（如今通常被称为"高音谱号"，treble clef）表示五线谱上的第二根线代表音高 g'。

𝄡：**C 或次中音谱号**

反过来说，谱号 C 可以放置在五线谱上几个不同的位置，但无论放在哪里，它中央的那条线就代表音高 c'：当它出现在五线谱正中间的那条线上，此时这个谱号被称为"中音谱号"；要是在上面的第四条线上，那就是次中音谱号。很罕见的情况下，它也会出现在代表女高音、女中音或男中音谱号的线上。

拍号（time signature）

放置在五线谱上的符号,用于指示音乐的节拍,即每小节（bar 或 measure）有多少拍，以及每拍的类型是哪种。拍号由上下两个数字组成：下方的数字代表**全音符**（semibreve）被分成几个单元，上方的数字代表一节里有几个这样的单元。因此，拍号 3/4 的意思是说，一个小节里有 3 个**四分音符**（crotchet），4/2 则意味着一个小节有 4 个**二分音符**（minim）。

速度（tempo）

指演奏音乐作品时的快慢节奏。在节拍器发明之前，乐谱中的速度通常以文字说明的形式来表述，带有相当的主观性，这些

很多乐器被分成不同的"家族"。比如，萨克斯家族由女高音萨克斯、男声最高音萨克斯、男高音萨克斯、男中音萨克斯和男低音萨克斯组成。

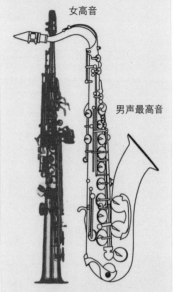

女高音

男声最高音

未按照实际比例绘制

文字说明按照惯例（但并非绝对）使用意大利语，不仅指示了音乐的速度，还反映了作品的情绪。最常用的速度指令，按照速度降序排列如下：

最急板	非常快	急板	很快
快板	快	活泼的	有活力
小快板	相当快	中板	中等
行板	舒适的步调	广板	宽广，缓慢
慢板	相当慢	缓板	缓慢
庄严的慢	严肃，缓慢		

这些标记可能带有各种修饰术语的限制，例如 poco（"一点"或"相当"）、molto（"十分"或"非常"）还有 ma non troppo（"但不太过火"）。记号"rit."（ritenuto 或 ritardando，意思是"突慢"或"渐慢"）或 rall（rallentando，渐慢）代表速度变慢；而记号"accel."（accelerando，渐速）的意思是变快。

节拍器（metronome）

一种通过可听或可视的规律性节拍来确定音乐节奏速度的机械或电子设备。1815 年，J.N. 梅尔策尔申请了发条式节拍器的专利，此后作曲家们开始在他们的作品上标注"M.M."数字，以指示每分钟的节拍数，比如 M.M.=120 意味着这段乐曲的速度是每分钟 120 拍。后来，节拍符号还明确了节拍的单位，比如 q=120 就代表乐曲的速度是每分钟 120 个四分音符节拍，这种形式一直沿用至今。

双音符（double note；双全音符，double whole note；二全音符，breve）

目前西方音乐中最长的音符时值，尽管它逐渐变得越来越罕见。它相当于 2 个**全音符**、4 个**二分音符**或者 8 个**四分音符**，而它在实际音乐中的时长取决于乐曲的速度。矛盾的是，"breve"这个单词的拉丁词源意思是"短"；二全音符最初是中世纪音乐符号中的短音符，但这套体系中的更长音符如今已被弃用，人们已经设计出了更短的音符值，将二全音符分割成了更小的单位。

全音符（whole note；note；semibreve）

当代音乐中常用的最长的音符值。正如其名，全音符的长度等于**双音符**的一半，2 个**二分音符**，或者 4 个**四分音符**。

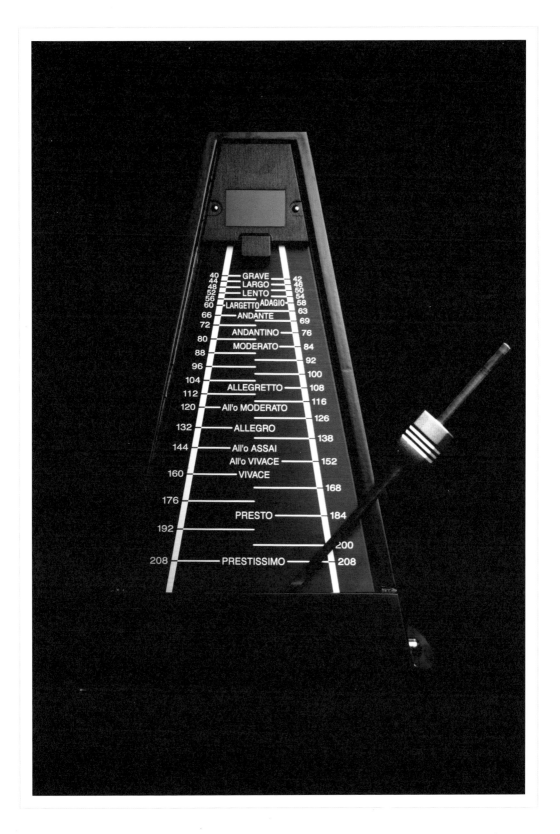

利用附点音符，可以创造出下图所示音符之间的音符值。休止符也可以附点，从而将它的值延长一半，但更常见的做法是在下一个音符后面再加一个休止符。

二分音符（half-note，minim）

一种音符值，正如其名，它的长度等于**全音符**的一半，或者按照同样的逻辑，等于 2 个**四分音符**。

四分音符（quarter-note，crotchet）

一种音符值，正如其名，它的长度等于**全音符**的四分之一。在最常用的拍号——譬如 4/4，3/4 或 2/4——中，一个小节被分成多个拍子，每拍的长度等于一个四分音符。

八分音符（1/8th note，quaver）

一种音符值，等于半个**四分音符**，或者正如其名，等于 1/8 个**全音符**。

十六分音符（1/16th note，semiquaver）

一种音符值，等于半个**八分音符**，或者正如其名，等于 1/16 个**全音符**。

三十二分音符（1/32th note，demisemiquaver）

一种音符值，等于半个**十六分音符**，或者正如其名，等于 1/32 个**全音符**。

六十四分音符（1/64th note，hemidemisemiquaver）

一种音符值，等于半个**三十二分音符**，或者正如其名，等于 1/64 个**全音符**。

附点音符（dotted notes）👁

后面加了一个点的音符，这个点将音符的长度增加了一半。一个**半音符**（minim）的时值相当于 2 个**四分音符**（crotchets），如果在半音符后面加一个点，它的长度就变成了 3 个**四分音符**；而附点的四分音符时值等于 3 个**八分音符**（quavers）。如果在第一个点后面再加一个点，还能进一步增加音符的长度。这种复附点音符遵循同样的逻辑，第二个点会将原始音符的长度再增加 1/4：带有复附点的**半音符**相当于一个**半音符**加一个**四分音符**再加一个**八分音符**。

非常弱（pianissimo）

音乐中的一种力度标记（表示声音大小），这个词在意大利语中的意思是"非常柔软"。它在乐谱中通常缩写为"*pp*"，和其他所有这样的力度标记一样，它在描述声音大小的时候是一种相对的、主观的判断，而不是一个绝对值。

弱（piano）

音乐中的一种力度标记，来自意大利语中的"柔软"，在乐谱中通常缩写为"p"。

稍弱（mezzopiano）

音乐中的一种力度标记，来自意大利语中的"中等柔软"（介于"弱"和"稍强"），在乐谱中通常缩写为"p"。m

稍强（mezzoforte）

音乐中的一种力度标记，来自意大利语中的"中等响亮"（没有"强"那么响亮，但比"稍弱"更大声），在乐谱中通常缩写为"mf"。

强（forte）

音乐中的一种力度标记，来自意大利语中的"响亮"，在乐谱中通常缩写为"f"。

很强（fortissimo）

音乐中的一种力度标记，在意大利语中意为"非常响亮"，在乐谱中通常缩写为"ff"。作曲家偶尔会需要更强的音，于是会在这个符号上再附加一个f，或者两个，甚至更多个，来表示特别强的音。

分贝（decibel，dB） ☜

一种声音强度单位，脱胎自"贝尔"，但分贝的应用要广泛得多。虽然用分贝来描述声音的大小要比音乐符号中的力度标记准确得多，但它的应用仍局限于科学领域，基本不会用于音乐领域。分贝是一个对数单位，每升高 10dB 代表声音增强 10 倍，或者感知到的声音响亮程度翻倍，它的标度从 0dB 开始，这个值代表人类的听阈下限。

贝尔（bel）

一种声音强度单位，等于 10 分贝。以亚历山大·格拉汉姆·贝尔（Alexander Graham Bell，1847—1922）的名字命名。

一些熟悉的声音，以分贝来衡量

10 dB	树叶的沙沙声
20 dB	图书馆环境音
30 dB	轻声耳语
50 dB	轻微的交通噪声
70 dB	真空吸尘器/火车
100 dB	雷声
130 dB	喷气机起飞时的声音
180 dB	火箭起飞时的声音

摄影

ASA/ISO 速度（ASA/ISO speed） 👁

　　美国国家标准协会(American Standards Association,
ASA）的胶片速度体系，现已被国际标准化组织采用。这是一套
算术系统，所以 200ASA 的速度是 100 的两倍，400ASA 的速度
是 200 的两倍，以此类推。尽管这个衡量速度的单位诞生于胶片
摄影时代，但它同样非常适用于数码摄影。无论是在胶片摄影还
是在数码摄影中，这个"速度"都是衡量胶片（或者电子感光元
件）记录摄影图像所需光量的指标。对摄影胶片来说，更快的速
度传统上需要更粗糙的"颗粒"，拍下的照片噪点也更多。对数
码相机而言，不同的速度设置对应不同的增益因子，以调节感光
元件的原始信号，从而获得类似胶片摄影的结果；随着图像变亮，
由随机电子"噪点"引起的变化会增强。

时滞时间（lag time）

　　从按下快门到实际拍下照片之间的延迟时间。对传统的（胶
片）相机来说，时滞时间通常短得可以忽略不计。早期的数码相

对业余摄影师来说，200ISO 的胶
片速度通常够用。

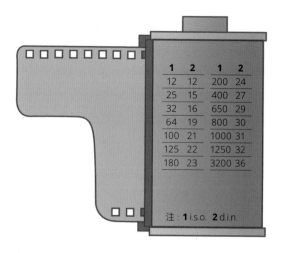

	1	2		1	2
	12	12		200	24
	25	15		400	27
	32	16		650	29
	64	19		800	30
	100	21		1000	31
	125	22		1250	32
	180	23		3200	36

注：**1** i.s.o. **2** d.i.n.

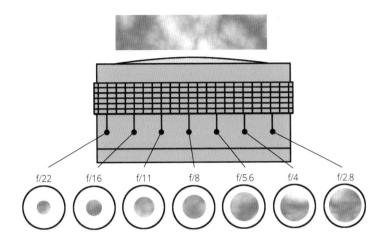

f/22　f/16　f/11　f/8　f/5.6　f/4　f/2.8

机存在相对较长且明显可感的时滞时间，但这个问题很大程度上已被克服。

快门速度（shutter speed）

　　相机快门保持开启状态，以允许光线照射在胶片或图像传感器上的时间长度。拍摄动态场景时需要极快的快门速度，而进行夜间摄影或创造特殊效果时，则需要较慢的快门速度。

焦比值（f-number）

　　指相机镜头**焦距**与镜头光圈直径的比值。f/1.7 的焦比值意味着相机镜头的焦距是光圈直径的 1.7 倍。如果一台相机配有 80 毫米的镜头，焦比值是 f/16，那么它的光圈直径是 5 毫米。焦比值越小，照在胶片上的光就越多。

光圈系数（stop）　👁

　　相机镜头筒上对应的一个具体**焦比值**的固定位置。转动控制环可以将镜头调到不同的光圈系数，每个系数对应一个特定的焦比值：f/22，f/16，f/11，f/8，f/5.6，f/4，以此类推，每个数值都代表光圈设置的相应变化。"光圈系数"这个术语也用于衡量照片的动态范围。

通过镜头的光线的量与焦比值的平方成反比。现代镜头使用标准的光圈系数标度，焦比值以 2 的平方根为公比渐次增大：f/1，f/1.4，f/2，f/2.8，f/4，f/5.6，f/8，f/11，f/16，f/22，f/32，f/45 和f/64。为了便于书写，这些比值都做了取整。

曝光值（exposure value，EV）

综合衡量**快门速度**、胶片速度和**焦比值**的一个数值。如果光圈设置是 f/1，快门速度是 1 秒，胶片速度是 100ISO，那么 EV 值就等于 0。光线的量每减少一半，EV 值就增加 1。所以在同样的光圈设置和胶片速度下，快门速度降低一半，那么 EV 值就增加到 1。

伽马（gamma）

衡量照片相对于中间色调对比度的一个指标。在调节数码照片对比度时，它尤为重要。利用图像编辑软件调节对比度往往会产生强烈的明暗对比，伽马校正则更温和一些。

动态范围（dynamic range）

指照片中光强度级别的范围，从最暗的阴部分影到最明亮的区域。不同的摄影媒介和数码相机拥有不同的动态范围。动态范围以曝光级数来衡量，每一级代表光的强度翻倍。

色温（color temperature）　👁

衡量光源产生的光的颜色的一种量度。光源的"温度"是指在这个温度下，一个名叫"黑体"的理论物体会产生同样波长组合的光。色温通常以**开尔文**来衡量，自然光的色温范围一般介于 3000K（日出或日落）到阴天时的 10 000K 左右。白天的光线一般在 5000K 左右。

与色温相关的例子。矛盾的是，相比于那些看似"更冷"的光（从蓝光到白光），我们心目中"更温暖"的那些色调——黄色、橙色和红色——色温更低。烛光和室内电灯光的色温比白天的光线低得多。彩色胶片是为自然光环境设计的，所以它在室内光线下通常无法准确地还原色彩。有专门用于室内的钨胶片。

色温

温度（K）	光源
9000~12 000 K	蓝天
6500~7500	阴天
5500~5600 K	电子闪光灯
5500 K	正午前后的阳光
5000~4500 K	霓虹灯 / 弧光
3400 K	距离黄昏 / 日出一小时
3400 K	钨丝灯
3200 K	日出 / 日落
3000 K	200W 白炽灯
2680 K	40W 白炽灯
1500 K	烛光

光度计（light meter）

测量物体发光强度的一种设备，人们可以利用它来调整相机设置，好让胶片得到正确的曝光。又叫曝光表（exposure meter）。

焦距（focal length）👁

相机镜头中央到焦点的距离。

微距（macro）

拍摄小物体的方式，可以呈现它们的实际尺寸，或通过放大使它们看起来比实际尺寸大得多。通常定义的范围是从 1:1 到 10:1 的比例。通过这种方式，我们可以"看到"肉眼发现不了的丰富细节，因为我们的眼睛在离物体非常近的时候无法聚焦。

长焦（telephoto）

长焦镜头是一种具有多个透镜组件的镜头，其效果是使拍摄对象在画面中显得更接近相机。长焦镜头的焦距通常长于标准的 50 毫米或 55 毫米。

镜头角度（picture angle）

指一个镜头覆盖的角度。如果一条线从画面左上角开始向后延伸，另一条线从相机右下角开始延伸，这两条线在镜头中间形成的夹角就是镜头角度。焦距越长，镜头角度就越窄。

后焦点（back focus）

如果实际焦点在被拍摄物体的后面，聚焦时就会产生后焦点的问题。这意味着被拍摄物体可能显得模糊，而且常常导致自动对焦失败。"后焦点"还可以指相机背面到焦点平面之间的距离。

变焦（zoom，x）

变焦镜头的**焦距**可以调节，所以它能在任何放大倍数下保持聚焦。这是它和普通**长焦**镜头的区别。用最大焦距除以最小焦距，得到的是光学变焦系数，或者说光学放大系数。因此，一个变焦范围在 35 毫米到 280 毫米的镜头，它的光学变焦（放大）系数是 8x。

焦距为 50 毫米或 55 毫米的镜头被称为普通镜头，因为它们复现的场景和裸眼看到的一样。广角镜头的焦距更短，长焦镜头的焦距则更长。

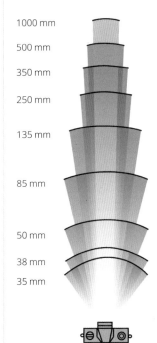

1000 mm
500 mm
350 mm
250 mm
135 mm
85 mm
50 mm
38 mm
35 mm

变焦（zoom，mm）

　　变焦镜头有不同的**焦距**范围，如果一个镜头标注的焦距是 35 ~ 280，那么它的焦距范围是 35 毫米到 280 毫米。

百万像素（megapixel，MP）

　　100 万像素。数码相机拍摄的照片分辨率以百万像素来衡量。这个值越高，照片就越清晰，它能实现的放大倍数也越高。由于数码相机的感光元件是矩形的，所以它们的分辨率等于照片长边的像素数乘以短边的像素数。例如，一个 4000 × 3000 像素的感光元件的分辨率是 12MP。需要注意的是，分辨率翻倍并不意味着长宽翻倍：如果一台感光元件形状相同的相机分辨率是 24MP，那么它将拍下 5657 × 4243 像素的照片。

有效像素（effective pixels）

　　数码相机中实际用于记录图像信息的像素数量。与总像素数相比，有效像素数更为重要，因为后者决定了图像的分辨率（有的像素并不用于记录图片信息）。市场上售卖数码相机和手机的商家，可能会宣传其产品能拍摄几乎两倍于自身有效像素数的"插值"照片或"数码变焦"照片。这是一种软件增强技术，通过扩展像素并填充适当颜色的像素来填补空白区域。它的效果并不如实际上拥有很多有效像素的相机，但提供了一种更廉价的替代方案。

35 毫米（35mm）

　　最常见的胶片尺寸（宽度），它也可以指代为使用这种胶片而设计的相机。人们普遍认为，35 毫米的尺寸足以提供高质量的照片，但专业摄影师可能使用宽度两倍于此的相机和胶片。有的 35 毫米相机是单反镜头的，拥有充足的可调节空间；有的则是"傻瓜"式的，它会自动对焦。

附录 1
国际单位制单位 [1]

国际标准基本单位

长度	米（m）
质量	千克（kg）
时间	秒（s）
电流	安培（A）
热力学温度	开尔文（K）
发光强度	坎德拉（cd）
物质的量	摩尔（mol）

辅助单位

平面角	弧度（rad）
立体角	球面度（sr）

衍生单位

面积	米^2
体积	米^3
速度	米/秒
角速度	弧度/秒
加速度	米/秒^2
角加速度	弧度/秒^2
频率	赫兹（Hz）
旋转频率	转/秒
密度和浓度	千克/米^3
动量	千克·米/秒
角动量	千克·米^2/秒
转动惯量	千克·米^2
力	牛顿（N）
力矩	牛顿·米
压力和张力	帕斯卡（Pa）
动态黏度	帕斯卡·秒
运动黏度	米^2/秒
表面张力	牛顿/米
能量，功和热量	焦耳（J）
功率和辐射强度	瓦特（W）
温度	摄氏度（℃）
线性热膨胀系数	每开尔文
热通量密度和辐照度	瓦特/米^2
热导性	瓦特/米·开尔文
导热系数	瓦特/米^2·开尔文
热容	焦耳/开尔文
比热容	焦耳/千克·开尔文
熵	焦耳/开尔文
比熵	焦耳/千克·开尔文
比能和比潜热	焦耳/千克
电量，电荷	库仑（C）
电压，电势差，电动势	伏特（V）
电场强度	瓦特/米
电阻	欧姆（Ω）
电导	西门子（S）
电容	法拉（F）
磁通量	韦伯（Wb）
电感	亨利（H）
磁通量密度，磁导	特斯拉（T）
磁场强度	安培/米
光通量	流明（lm）
亮度	坎德拉/米^2
照度	勒克斯（lx）
放射性	贝可勒尔（Bq）
辐射吸收剂量	戈瑞（Gy）

国际标准前缀

倍数和约数

幺	y	0.000 000 000 000 000 000 000 000 001
仄	z	0.000 000 000 000 000 000 000 001
阿	a	0.000 000 000 000 000 000 001
飞	f	0.000 000 000 000 001
皮	p	0.000 000 000 001
纳	n	0.000 000 001
微	μ	0.000 001
毫	m	0.001
厘	c	0.01
分	d	0.1
十	da	10
百	h	100
千	k	1000
兆	M	1 000 000
吉	G	1 000 000 000
太	T	1 000 000 000 000
拍	P	1 000 000 000 000 000
艾	E	1 000 000 000 000 000 000
泽	Z	1 000 000 000 000 000 000 000
尧	Y	1 000 000 000 000 000 000 000 000

---

1. 个别单位（如升、微升等）本身并非国际单位制（SI）单位，而是接受 SI 合并使用的单位，特此说明。——编者注

长度

皮米	pm
埃	Å
纳米	nm
微米	μm
毫米	mm
厘米	cm
分米	dm
米	m
百米	hm
千米	km
兆米	Mm
海里	n mile（=1852米）

面积

平方毫米	mm²
平方厘米	cm²
平方分米	dm²
平方米	m²
公亩	a（=100 m²）
十公亩	daa
公顷	ha
平方千米	km²

体积和容量

立方毫米	mm³
立方厘米	cm³（cc）
立方分米	dm³
立方米	m³
立方十米	dam³
立方百米	hm³
立方千米	km³
微升（lambda）	μl
毫升	ml
厘升	cl
分升	dl
升	l（L）
百升	hl
千升	kl

质量（重量）

纳克	ng
微克	μg（mcg）
毫克	mg
公制克拉	Ct（=200毫克）
克	g
公制盎司	oz
百克	hg
格鲁格	kgm（=0.980 665千克）
千克	kg
质量的公制技术单位（公制斯勒格）	（=9.806 65千克）
公担	q（=100千克）
兆克	Mg
公吨	t

力

微牛	μN
达因	dyn（=10微牛）
毫牛	mN
磅力	lbf
厘牛	cN
牛顿	N
千克力（千磅）	kgf（kp）（=9.806 65牛）
千牛（sten, sthène）	kN
兆牛	MN

压力和张力

微帕	μPa
毫帕	mPa
微巴	μbar
帕斯卡	Pa
毫巴（vac）	mbar（mb）
托	（≈133.322帕）
千帕（pièze）	kPa
工程大气压	at（=9.806 65帕）
巴	bar（b）
标准大气压	atm（=101 325帕）
兆帕	MPa
百巴	hbar
千巴	kbar
吉帕	GPa

动态黏度

厘泊	cP
泊	P（=100m厘泊）
毫帕·秒	mPa·s
帕·秒	Pa·s

运动黏度

厘泡	cSt
泡	St

能量, 功和热量

尔格	(=10⁻⁷焦耳)
毫焦	mJ
焦耳	J
千焦	kJ
兆焦	MJ
千瓦·时	kWh
吉焦	GJ
太焦	TJ

功率

微瓦	μW
毫瓦	mW
瓦特	W
千瓦	kW
兆瓦	MW
吉瓦	GW
太瓦	TW
公制马力	ch (cv, CV, PS或pk) (=735.498瓦)

温度

摄氏度	℃
开尔文	K

电和磁

皮安	pA
纳安	nA
微安	μA
毫安	mA
安培	A
千安	kA
皮库	pC
纳库	nC
微库	μC
毫库	mC
库仑	C
千库	kC
兆库	MC
微伏	μV

毫伏	mV
伏特	V
千伏	kV
兆伏	MV
微欧	μΩ
毫欧	mΩ
欧姆	Ω
千欧	kΩ
兆欧	MΩ
吉欧	GΩ
微西	μS
毫西	mS
西门子	S
千西	kS
皮法（puff）	pF
微法	μF
法拉	F
韦伯	Wb
皮亨	pH
纳亨	nH
微亨	μH
毫亨	mH
亨利	H
纳特	nT
微特	μT
毫特	mT
特斯拉	T

光通量

流明	lm
勒克斯	lx (=流明/平方米)

辐射

贝可勒尔	Bq
千贝	kBq
兆贝	MBq
吉贝	GBq
戈瑞	Gy (=焦耳/千克)

附录 2
符号和缩写

a, A   加速度（长度/时间^2），原子量（一个原子内部质子数和中子数之和）

A   安培*（电流=C/s），埃*（长度=10^{-10}米），波幅（长度）

b   线性图中阻力系数的截距（质量/时间）

B   磁场（力/电流）

c   光速（$2.998×10^8$m/s），比热（能量/质量×温度），浓度（数量/体积），音速

cal   卡路里*（能量=4.186J）

cc   立方厘米

c g   群速度

c p   相速度

C   摄氏度*（温度），库仑*（电荷），电容（电荷/电势），热容（能量/温度），浓度

Cal   千卡*（能量）

Ci   居里*（辐射单位=$3.7×10^{10}$次衰变/秒）

d   距离

D   扩散常数（面积/时间）

db   分贝（相对强度）

e   电子，一个电子的电荷（$1.602×10^{-19}$C）

eV   电子伏*（能量=$1.602×10^{-19}$J）

E   能量（力×长度，质量×速度^2），电场（力/电荷）

f   频率（1/时间），焦距

f, F   力（质量×加速度）

F   流量（体积/时间），法拉*（电容=C/V），飞米*（长度=10^{-15}米）

g   克*（质量），重力加速度（9.81m/s^2），有时候也代表离心加速度

G   牛顿常数（$6.673×10^{-11}$N·m^2/kg^2），高斯*（磁场=10^{-4}T），自由能量

h   高度，普朗克常数（角动量=$6.626×10^{-34}$J·s），潜热（能量/质量）

hr   小时*（时间=3600s）

H   焓（能量）

Hz   赫兹（1/s）

I   转动惯量（质量×长度^2），电流（电荷/时间），强度（功率/面积），像距

J   焦耳*（能量=N·m），通量（数目/面积·时间）

k   玻尔兹曼常数（$1.381×10^{-23}$ J/K），弹簧常数（力/长度），热导（功率/长度·温度），波数（1/长度）

K   动能，开尔文*（温度=C+273.15）

l   长度，升*（体积=1000毫升），轨道量子数（无量纲，代表角动量），平均自由路径（长度）

lb   磅*（重量；1千克等于2.2磅）

L   角动量（动量×长度，转动惯量×角速度）

m   质量，米*（长度），线形图的斜度，磁矩（电流×面积），磁量子数（无量纲，代表角动量的方向）

me   电子质量（$9.109×10^{-31}$ kg）

mn   中子质量（$1.675×10^{-27}$ kg）

mp   质子质量（$1.673×10^{-27}$ kg）

mi   英里*（长度=1.61千米）

min   分钟*（时间=60秒）

mmHg   毫米汞柱（压力=1333dynes/cm^2）

M   分子重量（质量/摩尔），放大倍数（无量纲）

n   摩尔数（无量纲），圈数（无量纲），中子，主量子数（无量纲，代表能量水平），折射率（无量纲）

N   牛顿*（力=kg·m/s^2），粒子数，中子数（一个原子内的中子数量）

N·A   阿伏伽德罗常数（无量纲，1摩尔的物体数量=$6.022×10^{23}$）

O   物距

p   质子

P   动量（质量×速度），压强（力/面积），功率（能量/时间）

Pa   帕斯卡*（压强=N/m^2）

q, Q   电荷

Q   热（能量）

r   半径（长度），距离，速率（速度）

R   电阻（电压/电流），气体常数（8.31J/mol·K）

Re   雷诺数（无量纲）

s   秒*，沉降系数（时间），自旋量子数（无量纲），镜头强度（1/长度）

S   熵（能量/温度）

t   时间

T   特斯拉*（磁场=N/A·m），温度

U   势能（机械势能，弹性势能，电势能），内能

v   速度（长度/时间），比容（体积/质量）

V   速度，体积（长度^3），电势（电场×长度），电压，伏特*（N·m/C）

W   瓦特*（功率=J/s），重量（力），功（能量）

x, X   水平位置

y, Y   垂直位置

z, Z   三维问题中的垂直位置，原子序数（一个原子内的质子数量），原子价

α	alpha	角加速度（弧度/时间^2），氦原子核（2p+2n）
β	beta	电子
Δ	delta	有限的变化
δ	"d"	瞬时变化率
ε	epsilon	电导率（e0=8.854×10^{-12}F/m），辐射系数（无量纲），效率（无量纲）
φ	phi	角度
γ	gamma	电磁辐射，光子
η	eta	黏度（泊=dyne×s/cm^2=g/cm×s）
κ	kappa	介电系数（无量纲）
λ	lambda	波长
μ	mu	磁导率（m0=4p×10^{-7}T·m/A）
ν	nu	转动的频率或圈数（1/时间）
θ	theta	角度，角位置
ρ	rho	密度（质量/体积），电阻（电阻率×长度）
σ	sigma	斯特藩-玻尔兹曼常数（5.67×10^{-8}W/m^{2}K^4）
Σ	sigma	和
τ	tau	力矩（力×长度，转动惯量×角加速度），放射性半衰期
ω	omega	角速度或角频率（弧度/时间）
Ω	omega	欧姆*（电阻=V/A）

索引

标为黑体的页码代表主词条所在位置。

致谢

就书中摄影图像的提供方，作者和出版商在此表示感谢：

2, Shutterstock.com/Black Jack; 4, Shutterstock.com/Marina Dekhnik; 6, Shutterstock.com/Alevtina_Vyacheslav; 6, 8, 13, 24, 27, 29, 66, 117 Nova Development Corporation (Art Explosion); 7, Shutterstock.com/givaga; 25, Shutterstock.com/Chatchawat Prasertsom;
28, Shutterstock.com/mountain beetle; 34, Shutterstock.com/Jolygon; 65, Rebecca Saraceno;84, Shutterstock.com/ Vishnevskiy Vasily; 116, Shutterstock.com/RadenVector; 133, Top left: Shutterstock.com/Anton Volynets, Top right: Shutterstock.com/ Denys Yelmanov, Bottom left: Shutterstock.com/MilonKhan, Bottom right: Shutterstock.com/S.Pytel; 172, Shutterstock.com/Gearstd; 195, Shutterstock.com/ archimede; 201, Shutterstock.com/Gts; 208, Shutterstock.com/Sergey Tinyakov; 213, David Evans.

著作权合同登记号： 图字 02-2024-216 号

How to Measure Anything: The Science of Measurement by Christopher Joseph

Copyright © 2022 Quarto Publishing Plc

Published by arrangement with Ivy Press, an imprint of The Quarto Group

Simplified Chinese edition copyright © 2025 United Sky (Beijing) New Media Co., Ltd.

All rights reserved.

图书在版编目（CIP）数据

如何测量万物 /（英）克里斯托弗·约瑟夫编著；

阳曦译 . -- 天津 : 天津科学技术出版社 , 2025. 1.

ISBN 978-7-5742-2614-2

Ⅰ . P2

中国国家版本馆 CIP 数据核字第 2024KW9338 号

如何测量万物

RUHE CELIANG WANWU

选题策划： 联合天际 · 边建强

责任编辑： 刘　磊

出　　版： 天津出版传媒集团
　　　　　　天津科学技术出版社

地　　址： 天津市西康路 35 号

邮　　编： 300051

电　　话： （022）23332695

网　　址： www.tjkjcbs.com.cn

发　　行： 未读（天津）文化传媒有限公司

印　　刷： 北京利丰雅高长城印刷有限公司

关注未读好书

未读 CLUB
会员服务平台

开本 710×1000　　1/16　　印张 14　　字数 150 000

2025 年 1 月第 1 版第 1 次印刷

定价： 88.00 元